↓ハンバーガー⑧（チーズ）

↑ハンバーガー④（レタス）

↑ハンバーガー⑤（レタス）

←はじめにこの線でページを切り離します。

ハンバーガー①
（チーズバーガー）

作り方は33、34ページにあります。

ハンバーガー

ハンバーグを気軽に食べられるように、パンにはさんだ食べ物です。チーズやレタス、トマトなどをはさんだものもあります。

→2ツ折して、プレートにします。

↓ハンバーガー⑦（チーズ）

↑ハンバーガー⑥（レタス）

↑ハンバーガー③（レタス）

↑ハンバーガー①

ハンバーガー⑤
ハンバーガー④
ハンバーガー⑧
ハンバーガー①
ハンバーガー⑦
ハンバーガー③
ハンバーガー⑥
たにおり

キャンディ 作り方は34ページにあります。

ハンバーガー
（チーズバーガー）
できあがり

キャンディ
できあがり

→2ツ折りして、プレートにします。

キャンディ

さとうなどをにつめて固めた、手軽に食べられるあまいお菓子です。ドロップなどの固いもの、キャラメルなどのやわらかいものがあります。

キャンディ

作り方は34ページにあります。

ハンバーガー②

作り方は33、34ページにあります。

↑ハンバーガー②

←はじめにこの線でページを切り離します。

ハンバーガー②
たにおり
たにおり
たに
おり
たにおり
たにおり
たにおり
たに
おり
たに
おり
おり
たに

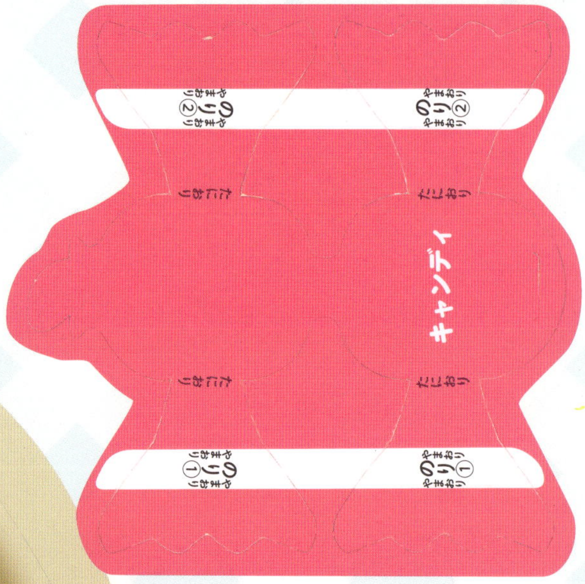

キャンディ
のり
やまおり②
のり
やまおり②
たにおり
たにおり
たにおり
たにおり
のり
やまおり①
のり
やまおり①

たにおり

キャンディ
のり
やまおり②
のり
やまおり②
たにおり
たにおり
たにおり
たにおり
のり
やまおり①
のり
やまおり①

ホットドッグ①
（レタスドッグ）

作り方は35、36ページにあります。

←はじめにこの線でページを切り離します。

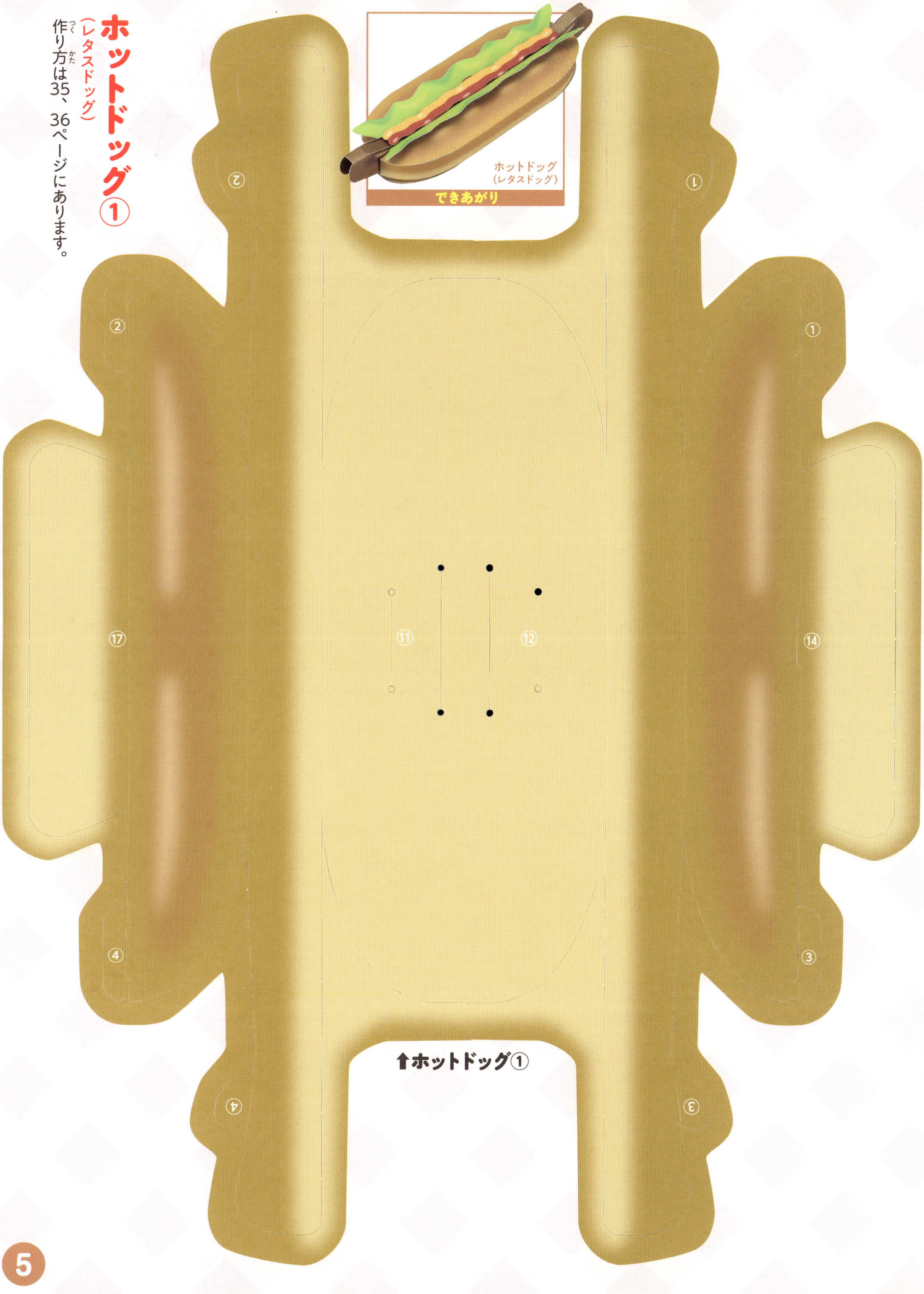

ホットドッグ①
たにおり
たに
おり
⑨
⑩

↓2ツ折して、プレートにします。

たいやき

小麦粉主体の生地にあんこなどを入れ、魚のタイの形をしたやき型でやいた食べ物です。クリーム入りやチョコレート入りなどもあります。

たいやき①
作り方は35ページにあります。

↓たいやき②

←はじめにこの線でページを切り離します。

ホットドッグ③←

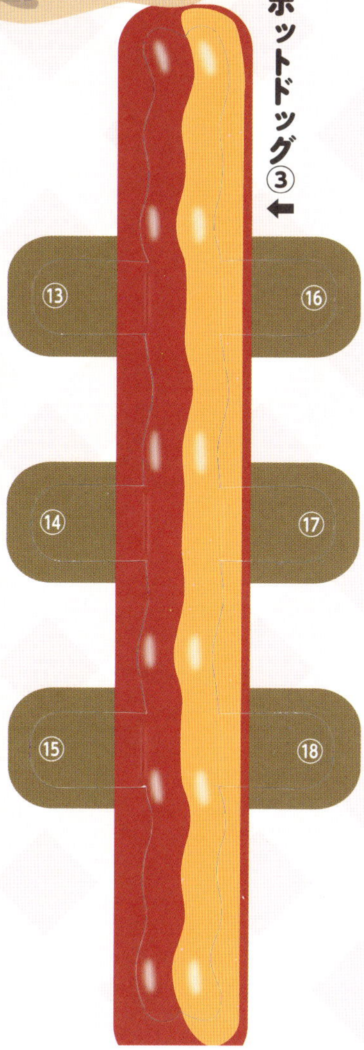

→ホットドッグ②

ホットドッグ②
作り方は35、36ページにあります。

ホットドッグ

細長いパンに、ソーセージをはさんだ食べ物です。ケチャップやマスタードをかけて食べます。レタスやキャベツをはさんだものもあります。

↑2ツ折して、プレートにします。

たにおり

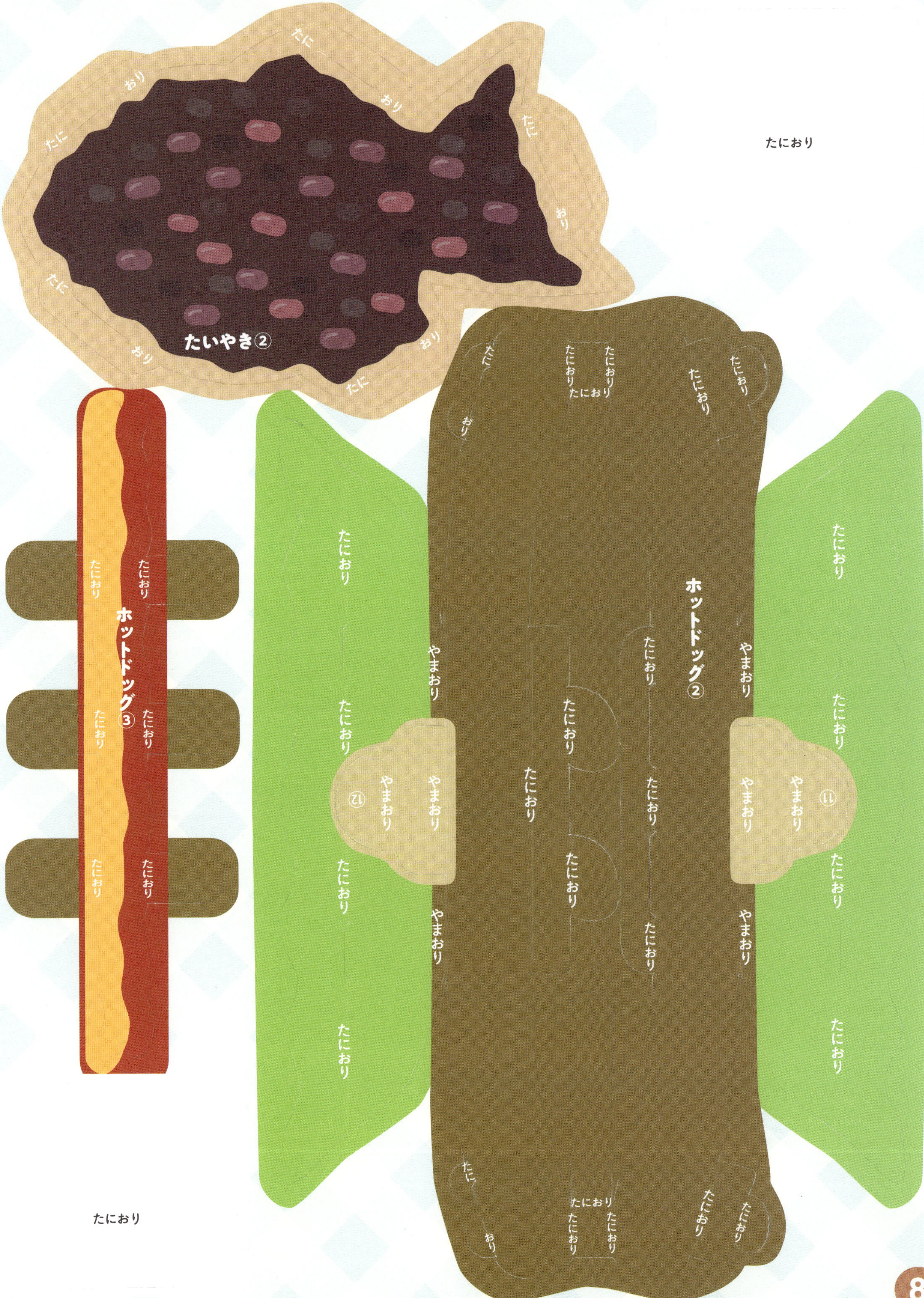

たにおり

←はじめにこの線でページを切り離します。

↓たいやき①

たいやき②

作り方は35ページにあります。

←ドリンク③

ドリンク

レストランなどで、炭酸飲料、ジュース、シェーク、コーヒー、紅茶、ココア、ウーロン茶などの飲み物をさして言います。

→2ツ折して、プレートにします。

ドリンク①

作り方は37ページにあります。

↓ドリンク①

ドリンク③
たにおり
やま
おり
たにおり
やま
おり
たにおり

たいやき①
たにおり
たにおり
たにおり
たにおり
たにおり
たにおり
たにおり
たにおり
たにおり
たにおり

たにおり

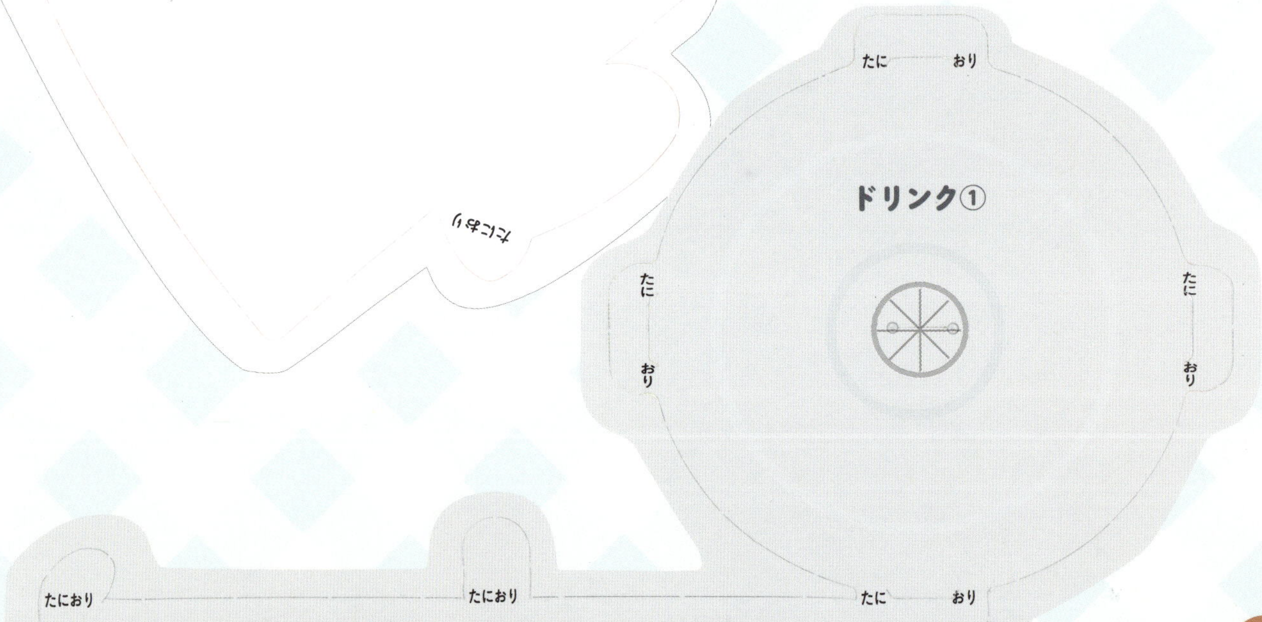
ドリンク①
たに
おり
たに
おり
たに
おり
たにおり
たにおり
たに
おり

フライドポテト①

作り方は38ページにあります。

←はじめにこの線でページを切り離します。

↓フライドポテト①

←フライドポテト

フライドポテト
できあがり

↑ドリンク④

フライドポテト

ジャガイモを細く切って、油であげた食べ物。塩をふったり、ケチャップをつけたりして食べます。ファーストフード店などでよく見るメニューです。

↑2ツ折して、
プレートにします。

→ストロー

フライドポテト←

←フライドポテト④

←フライドポテト②

↓ドリンク②

ドリンク②

作り方は37ページにあります。

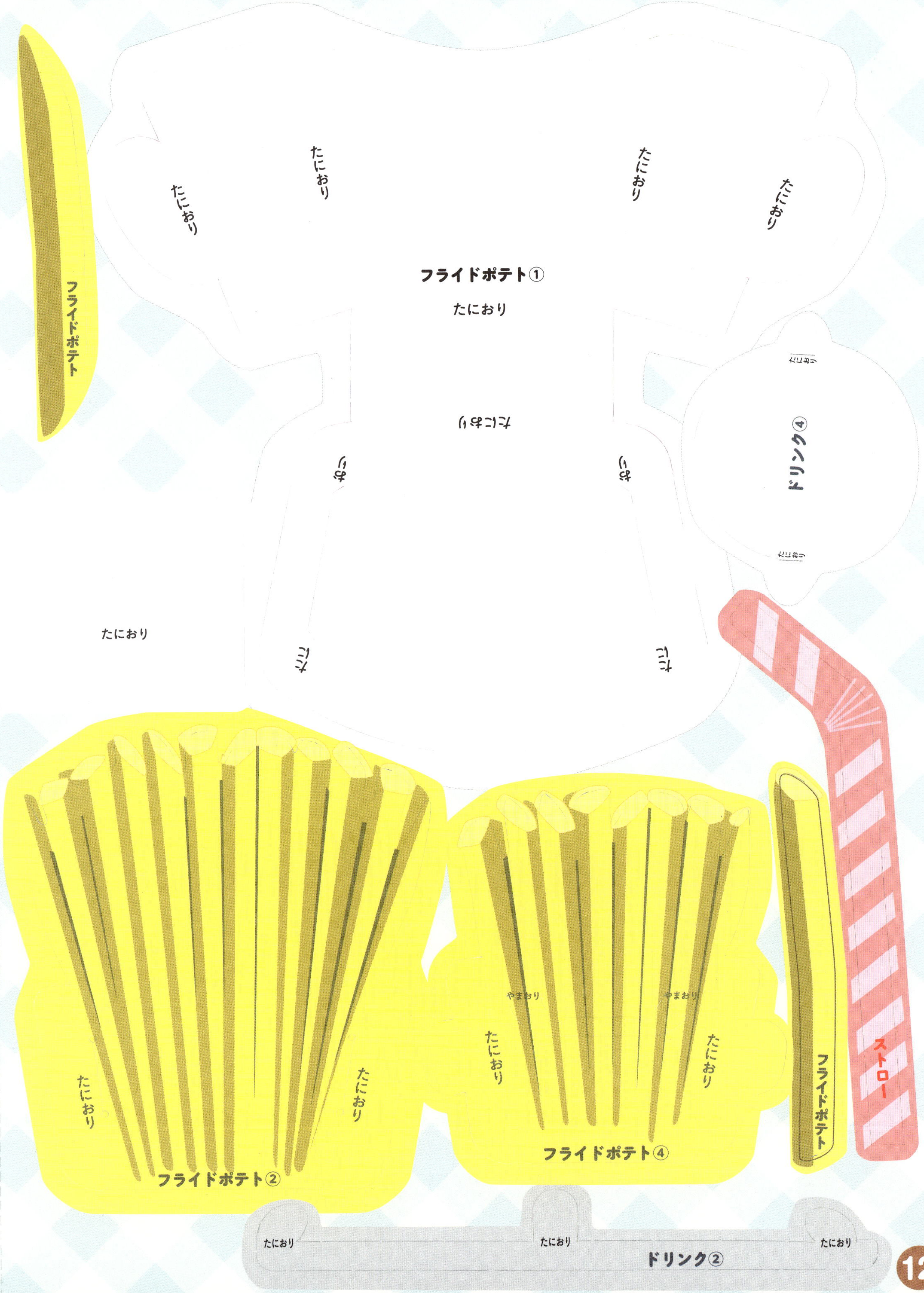
フライドポテト①
たにおり
たにおり
たにおり
たにおり
たにおり
たにおり
フライドポテト
ドリンク④
たにおり
たにおり
たにおり
ストロー
フライドポテト②
たにおり
たにおり
フライドポテト④
やまおり
やまおり
たにおり
たにおり
フライドポテト
ドリンク②
たにおり
たにおり
たにおり

ドーナツ

作り方は39ページにあります。

⬆はじめにこの線でページを切り離します。

⬇ドーナツ①

➡フライドポテト

ドーナツ

小麦粉主体の生地を油であげた、あまいおかし。リングの形をしたものが多く見られますが、丸いドーナツや、ぼう状のものもあります。

⬆2ツ折して、プレートにします。

⬅ドーナツ②

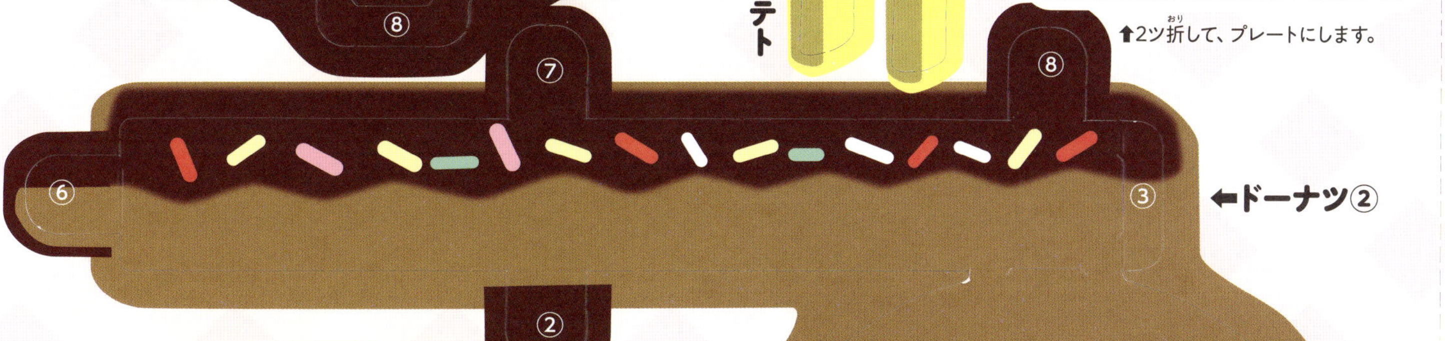

⬆フライドポテト③

フライドポテト②

作り方は38ページにあります。

ドーナツ①
フライドポテト
フライドポテト
たにおり
ドーナツ②
フライドポテト③
たに
おり

←はじめにこの線でページを切り離します。

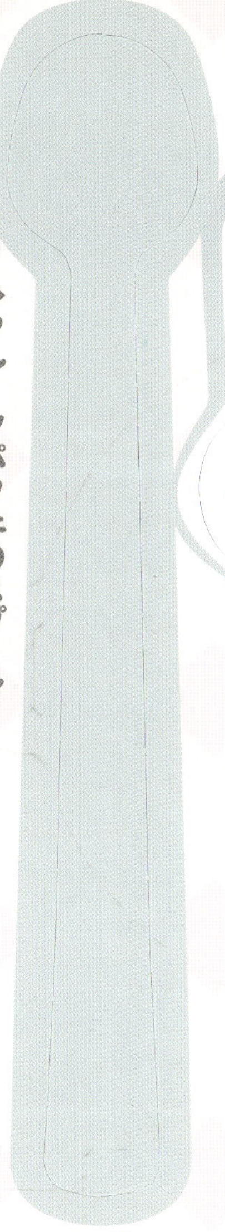

→フルーツパフェのスプーン

←フルーツパフェ①

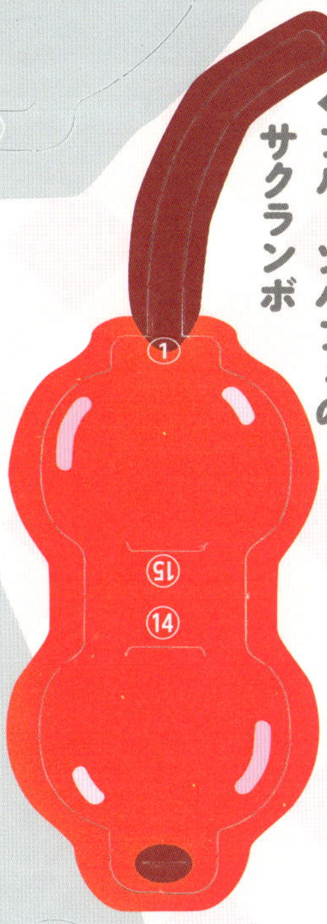

←フルーツパフェのサクランボ

→2ツ折して、プレートにします。

フルーツパフェ

グラスにアイスクリームやフルーツなどをのせたデザートです。生クリームやプリン、チョコレートなど、のせるものはさまざまです。

フルーツパフェ①

作り方は39～42ページにあります。

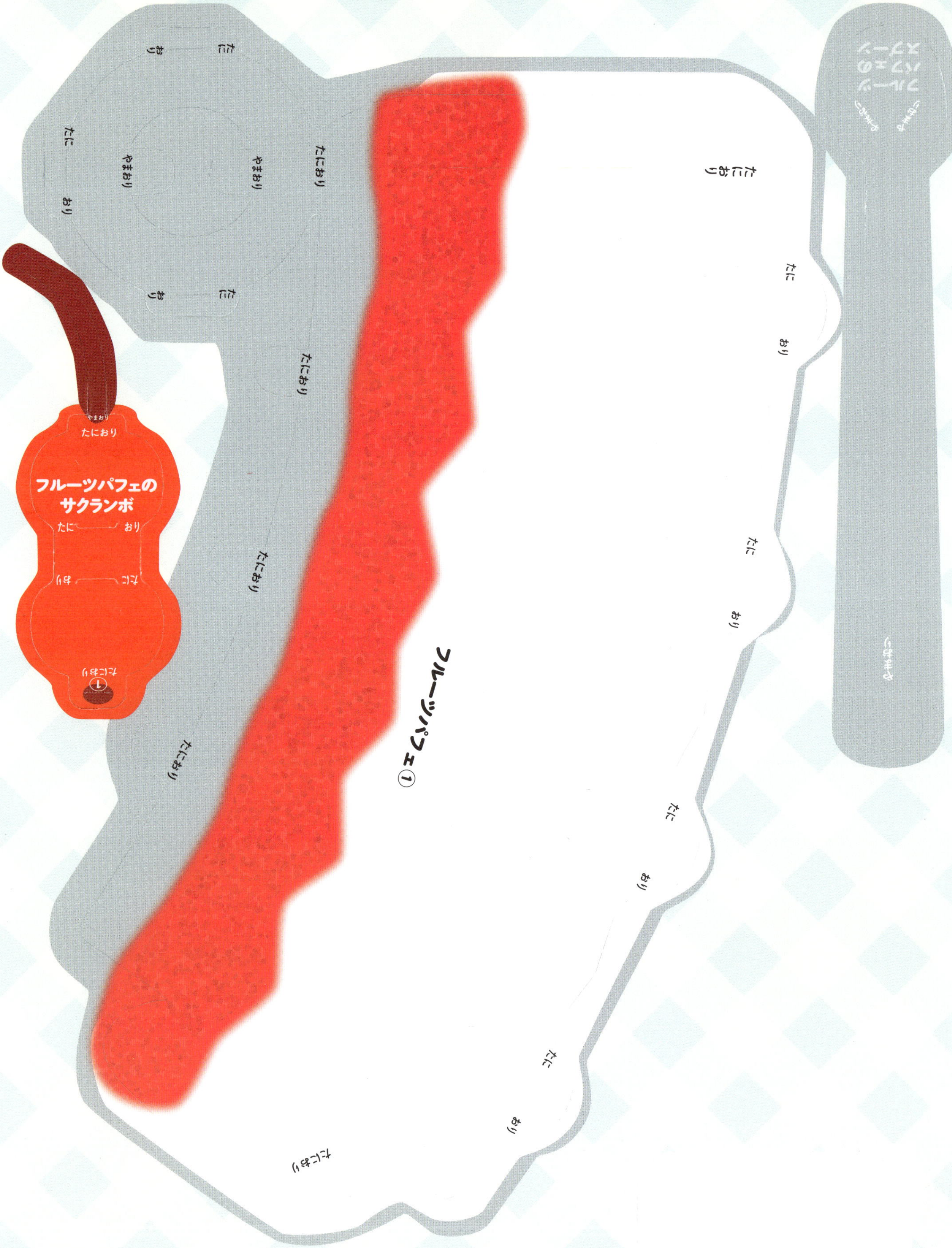

たにおり

←はじめにこの線でページを切り離します。

↓フルーツパフェ④

フルーツパフェ②

作り方は39〜42ページにあります。

←フルーツパフェ③

↓フルーツパフェ②

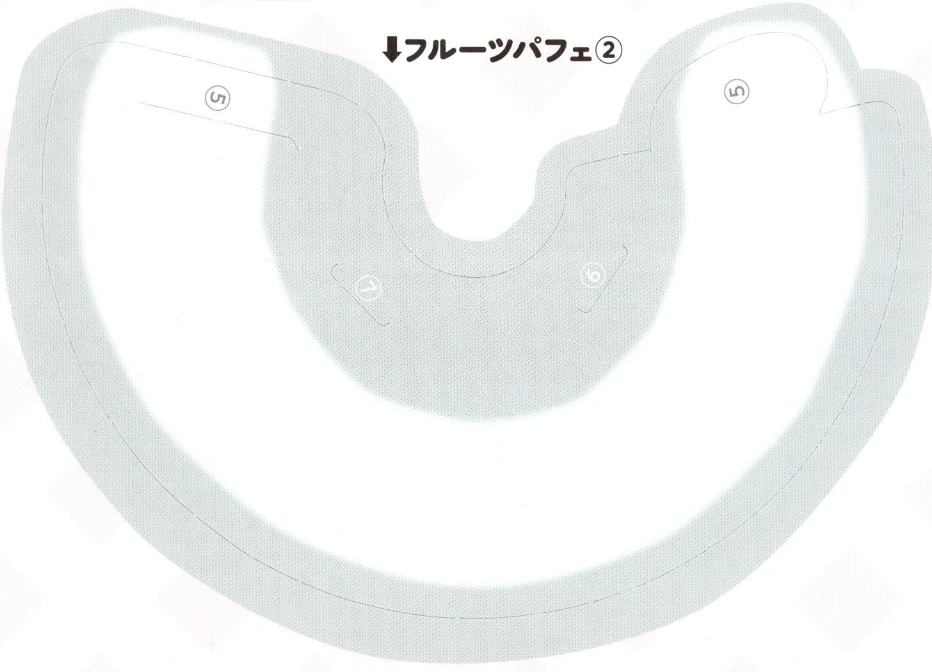

→フルーツパフェのキウイフルーツ

→フルーツパフェのイチゴ

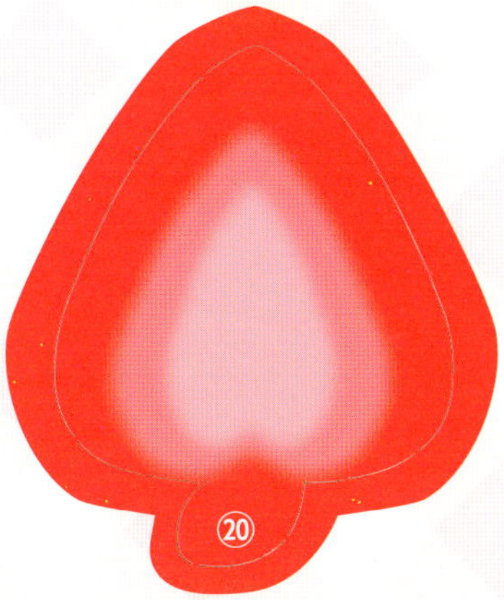

フルーツパフェ④
たにおり
たに
おり
フルーツパフェ③
フルーツパフェ②
フルーツパフェの
キウイフルーツ
フルーツパフェの
イチゴ

←はじめにこの線でページを切り離します。

ショートケーキ①

作り方は42、43ページにあります。

→フルーツパフェのウェハース

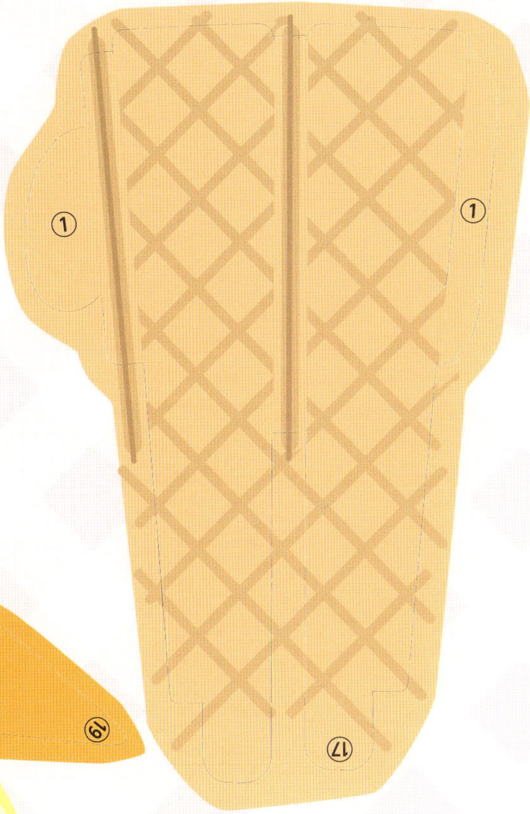

→フルーツパフェのメロン

フルーツパフェ③

作り方は39～42ページにあります。

→フルーツパフェのパパイヤ

→フルーツパフェのバナナ

→フルーツパフェのチョコレート菓子

←フルーツパフェのオレンジ

→ショートケーキ②

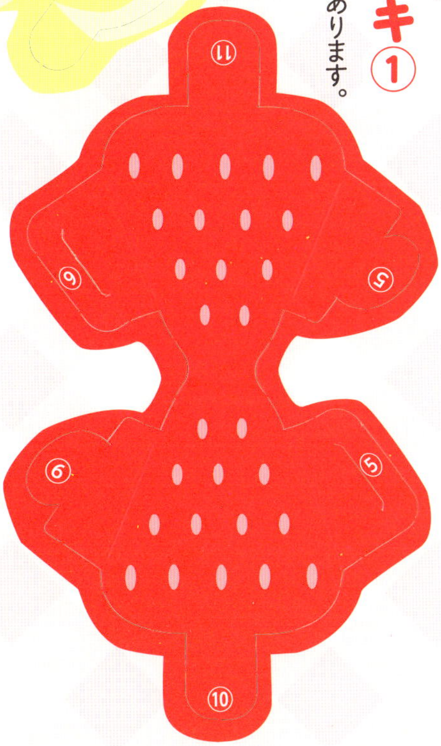

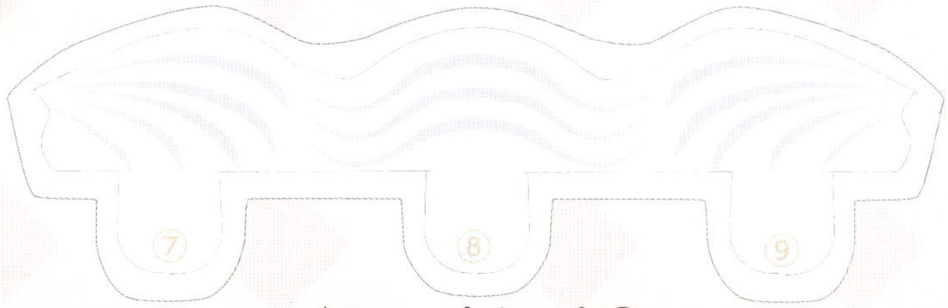

↑ショートケーキ③

フルーツパフェのウェハース
⑱
フルーツパフェのメロン
フルーツパフェのパパイヤ
フルーツパフェのバナナ
㉓
㉔
フルーツパフェのオレンジ
フルーツパフェのチョコレート菓子
ショートケーキ②
ショートケーキ③
たにおり
やまおり
たに
おり

ショートケーキ②

作り方は42、43ページにあります。

←はじめにこの線でページを切り離します。

→ショートケーキ①

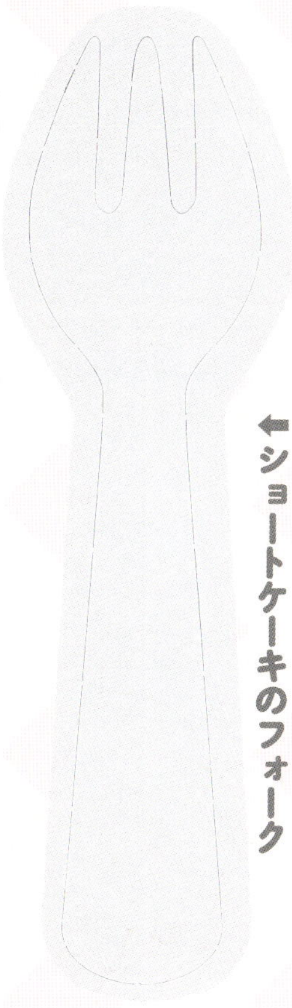

←ショートケーキのフォーク

→2ツ折して、プレートにします。

ショートケーキ

小麦粉などで作られたスポンジケーキの上に、ホイップクリームと、イチゴなどのフルーツをのせた、あまい洋菓子。

ショートケーキ
できあがり

14
たにおり
たにおり
たにおり
たにおり
たにおり
たに
たにおり
たに
おり
おり
たにおり
たに
たにおり
おり
たにおり
たにおり
ショートケーキ①
たにおり
たにおり

←はじめにこの線でページを切り離します。

ショートケーキ③

作り方は42、43ページにあります。

→ショートケーキのケーキ皿

↓ショートケーキ④

すし①

作り方は44ページにあります。

←すし（かっぱまき）

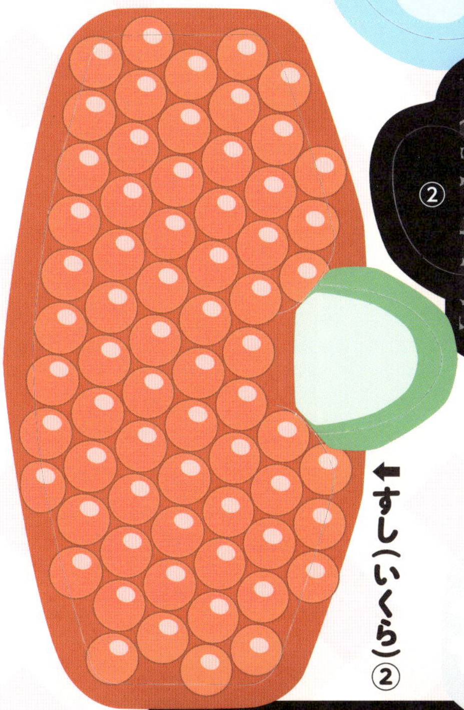

←すし（いくら）②

↑すし（いくら）①

ショートケーキ④
たにおり
たにおり
ショートケーキのケーキ皿
たにおり
たにおり
たにおり
すし（かっぱまき）
たにおり
たにおり
たにおり
たに
おり
やまおり
たにおり
すし（いくら）②
すし（いくら）①

➡はじめにこの線でページを切り離します。

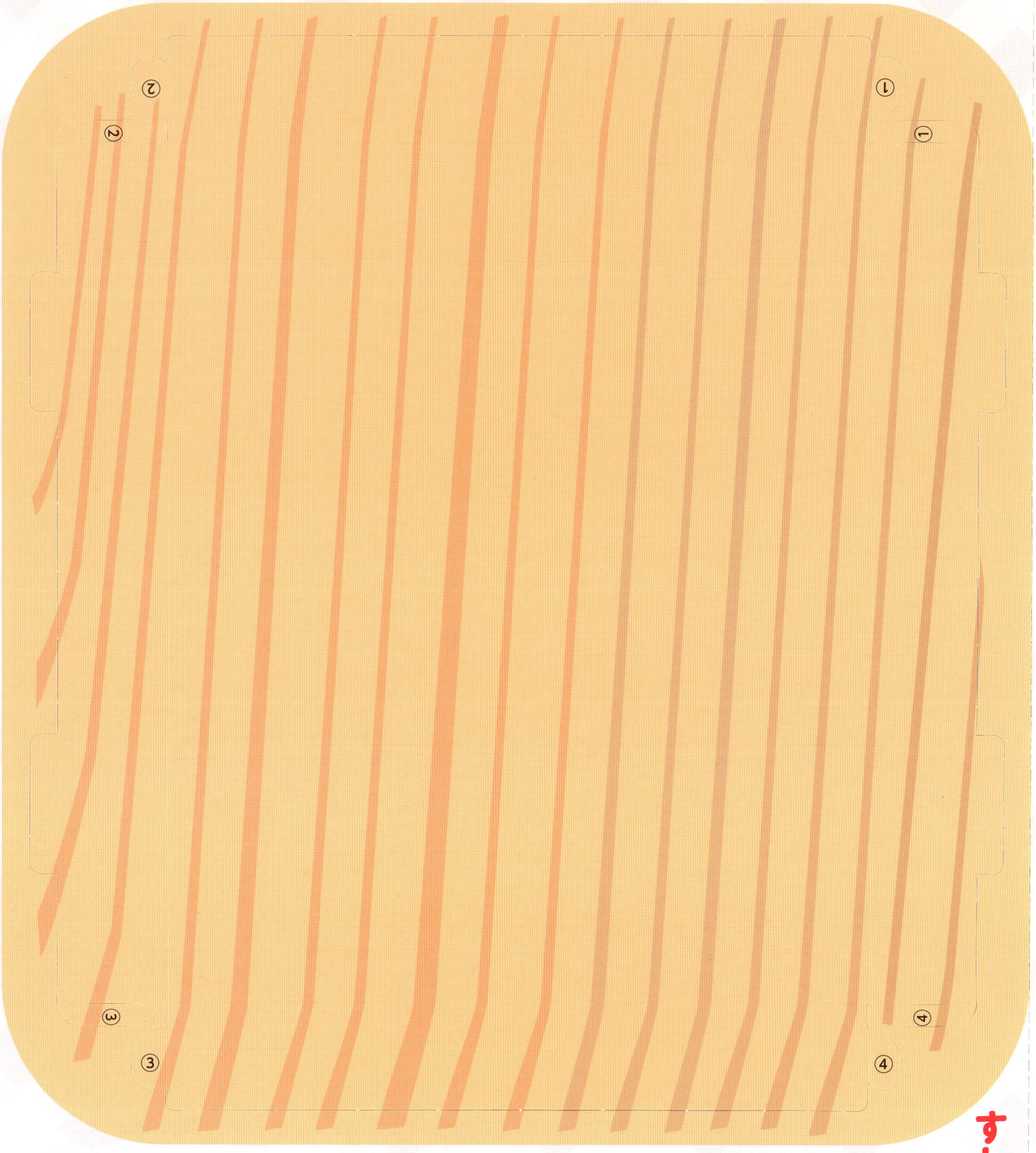

すし②

作り方は45ページにあります。

↑すしげた

すし(にぎりずし)

酢めしの上にすしだねをのせてにぎった食べ物。すしだねには、おもに生の魚貝類の切り身が使われます。代表的な日本の料理のひとつです。

➡2ツ折りして、プレートにします。

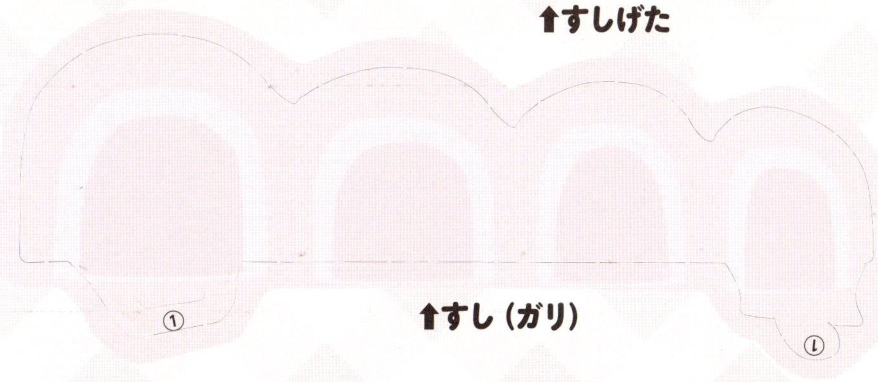

↑すし (ガリ)

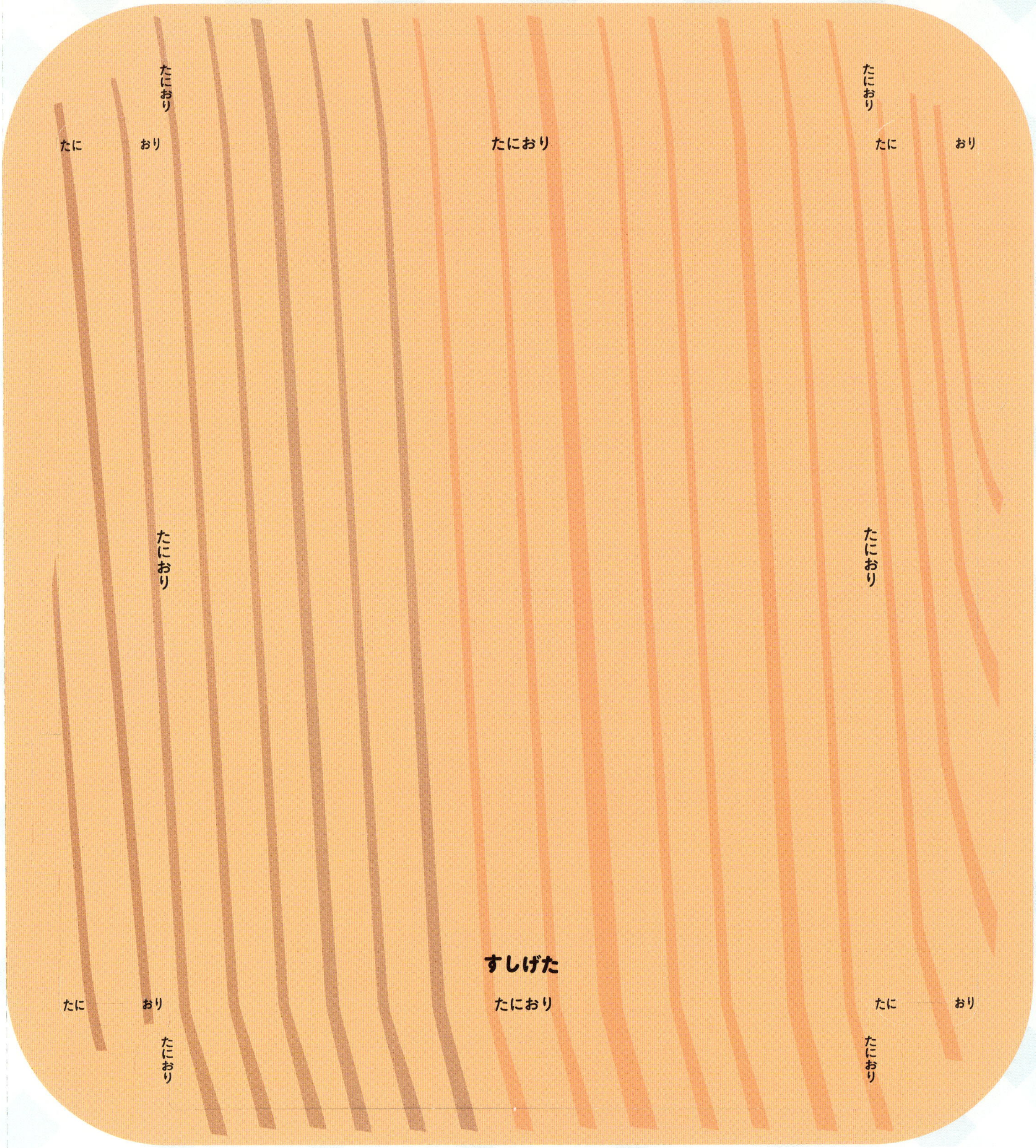
たにおり
たに
おり
たにおり
たにおり
たに
おり
たにおり
たにおり
すしげた
たに
おり
たにおり
たに
おり
たにおり
たにおり

たにおり
たにおり
やまおり
たにおり
すし（ガリ）
たにおり
たに
おり

たにおり

すし③

作り方は46～48ページにあります。

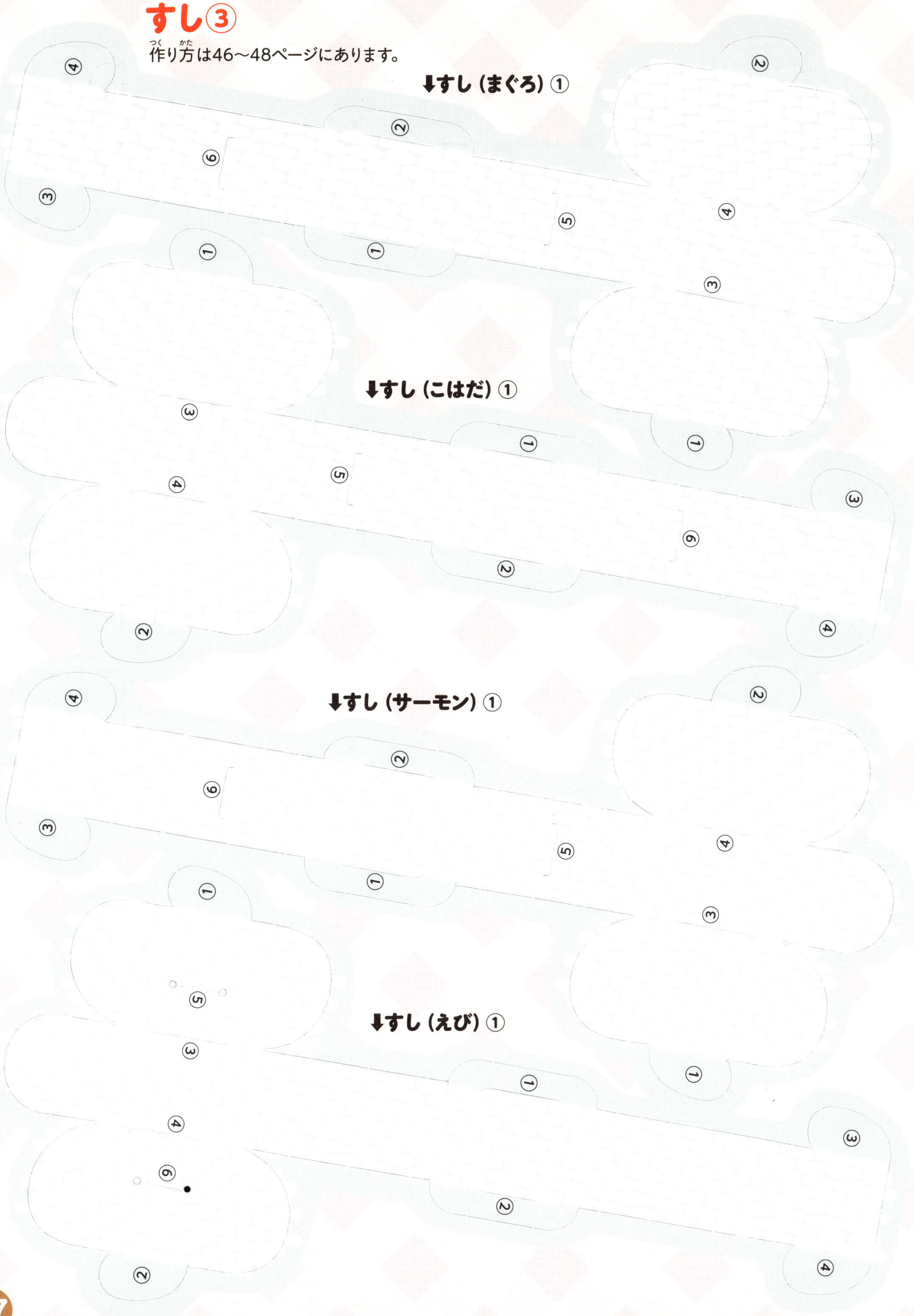

⬅はじめにこの線でページを切り離します。

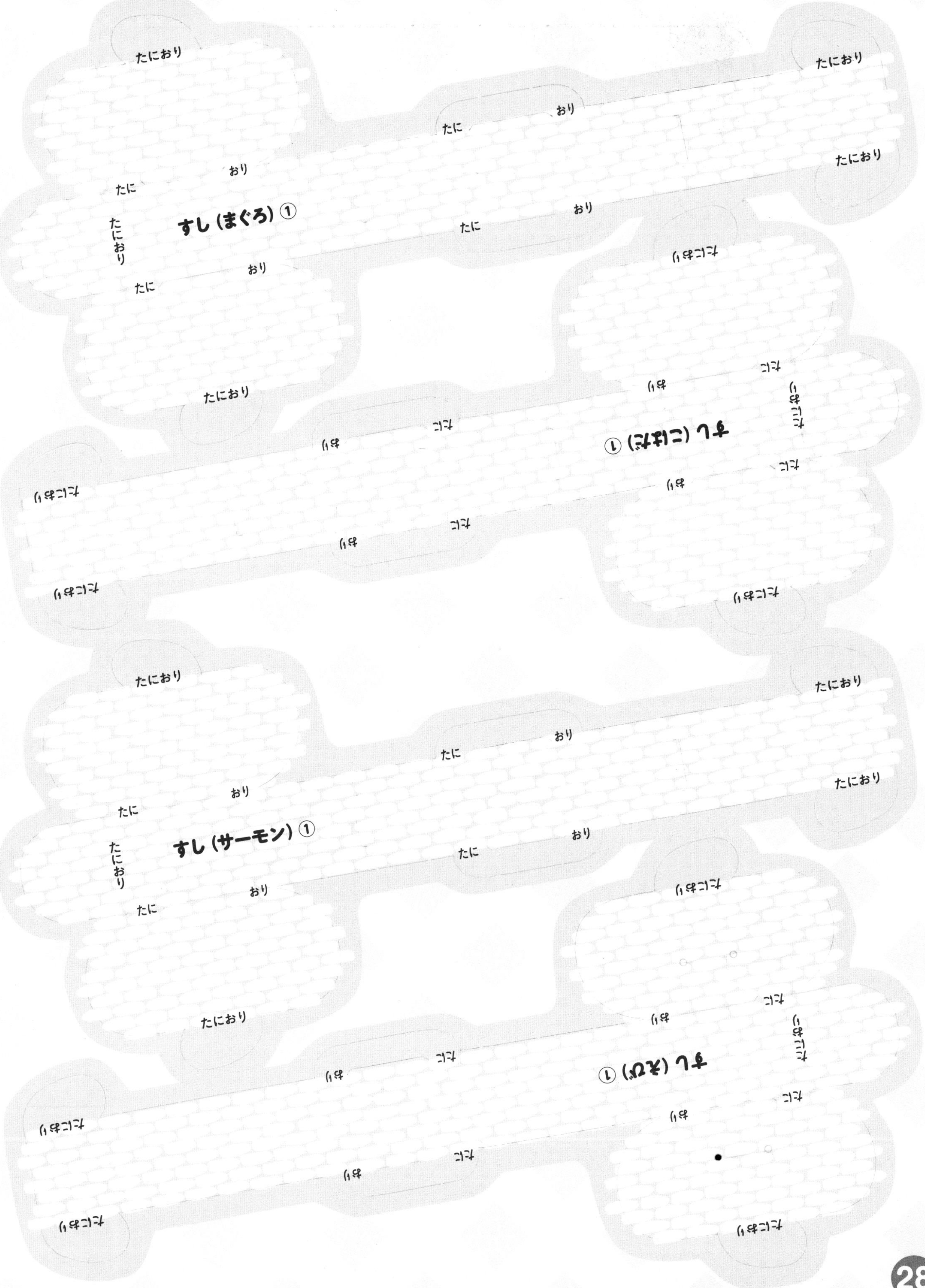
すし（まぐろ）①
たにおり
たに
おり
すし（こはだ）①
すし（サーモン）①
すし（えび）①

すし④

作り方は
44〜48ページに
あります。

←はじめにこの線でページを切り離します。

↓すし（うに）①

できあがり

↓すし（鉄火まき）

←すし（うに）②

↓すし（こはだ）②

↑すし（まぐろ）②

→バラン

↑すし（サーモン）②

すし（うに）①
たにおり
たにおり
たに
おり
すし（うに）②
たにおり
やまおり
すし（鉄火まき）
すし（こはだ）②
たにおり
すし（まぐろ）②
たにおり
すし（サーモン）②
たにおり
バラン

すし⑤

作り方は
46～48ページに
あります。

↑すし（たまご）②

←すし（えび）②

できあがり

←すし（たこ）②

↑すし（たまご）①

↑すし（たこ）①

←はじめにこの線でページを切り離します。

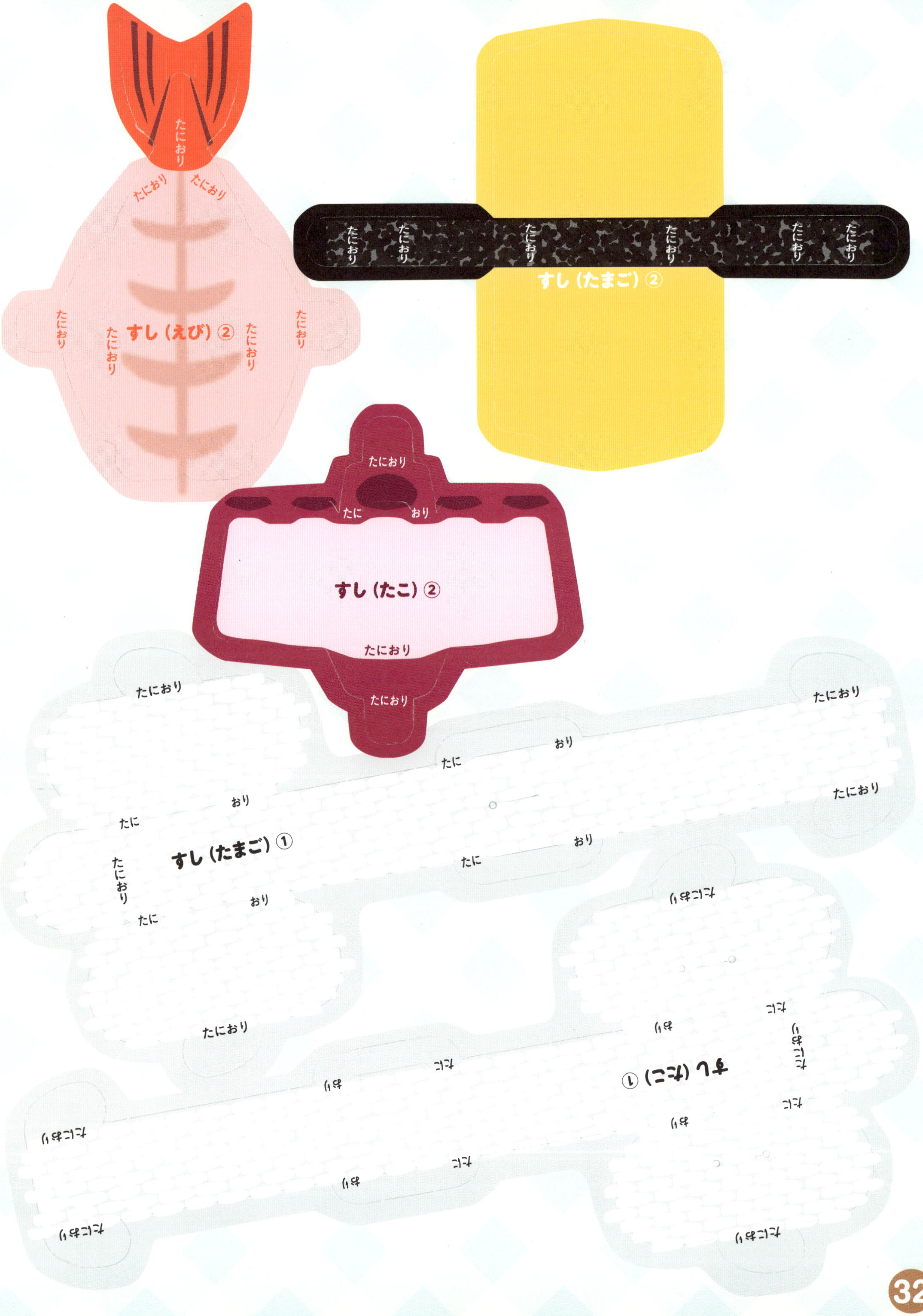
すし（えび）②
たにおり
すし（たまご）②
たにおり
すし（たこ）②
たにおり
すし（たまご）①
たに
おり
すし（たこ）①

たべものの作り方

切り取り線にそってパーツをていねいに外します。「たにおり」「やまおり」をしてから、番号の順番に組み立てていきます。のりは、木工用接着剤がよくつきます。

←…「おる」「カーブ」　←…「さす」　←…「のりづけ」

ハンバーガー　1〜4ページ

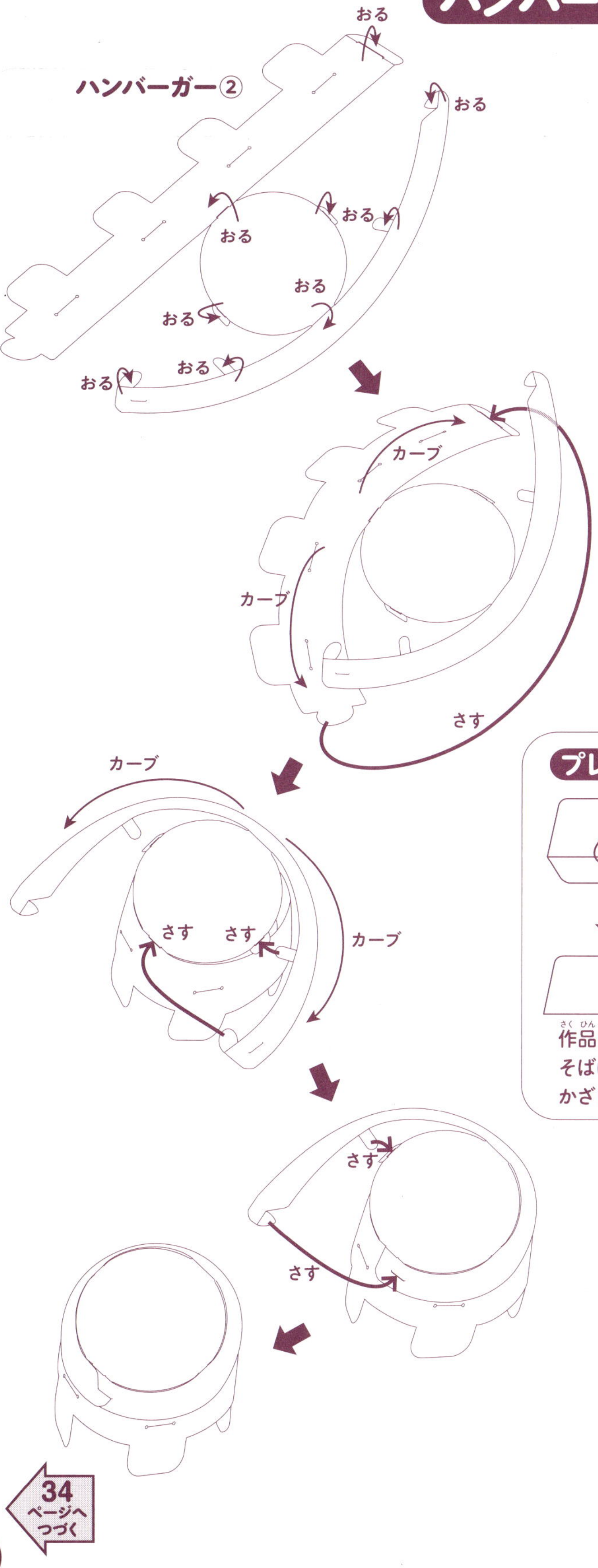

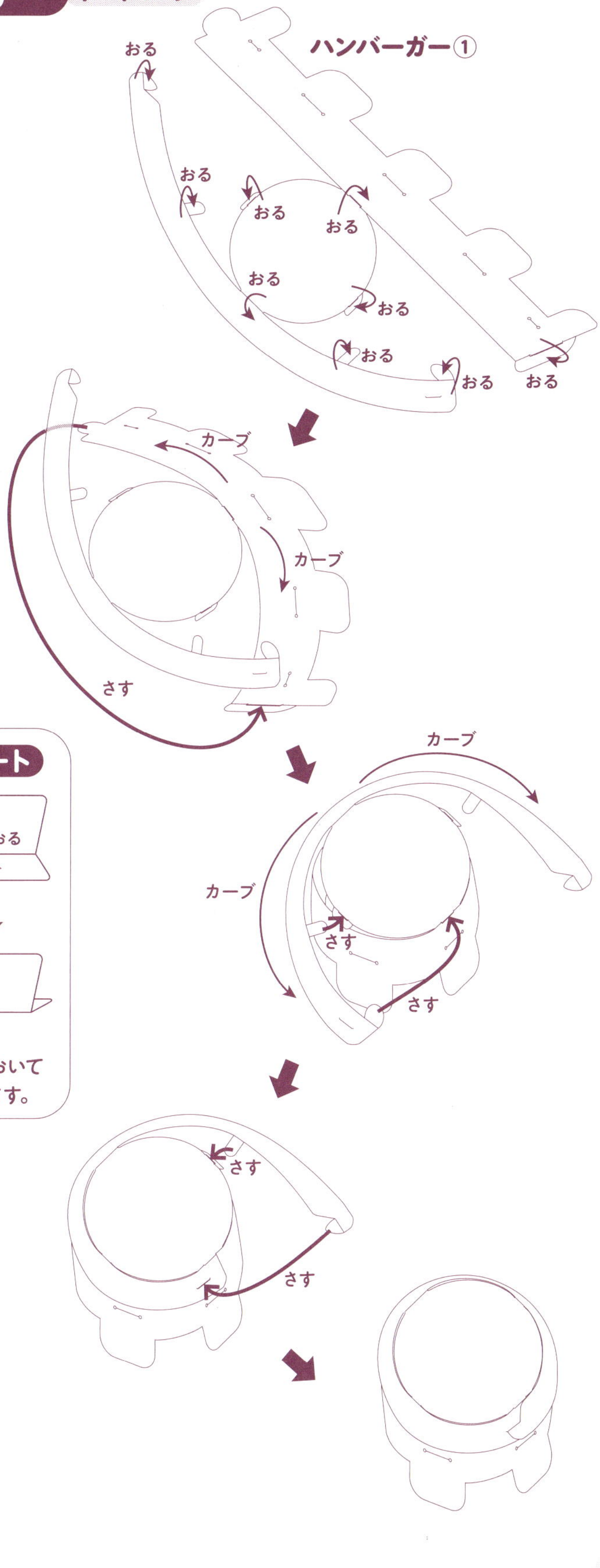

プレート

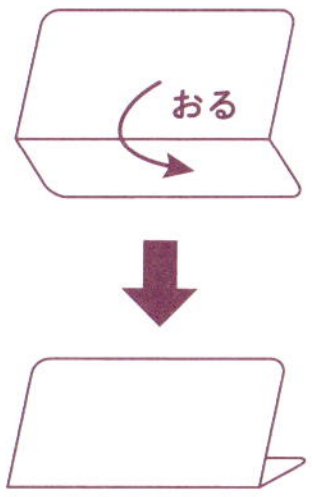

作品のそばにおいてかざります。

34ページへつづく

ハンバーガー
1〜4ページ

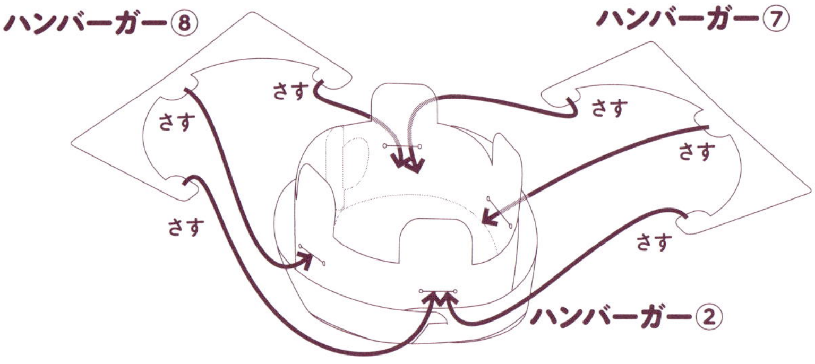

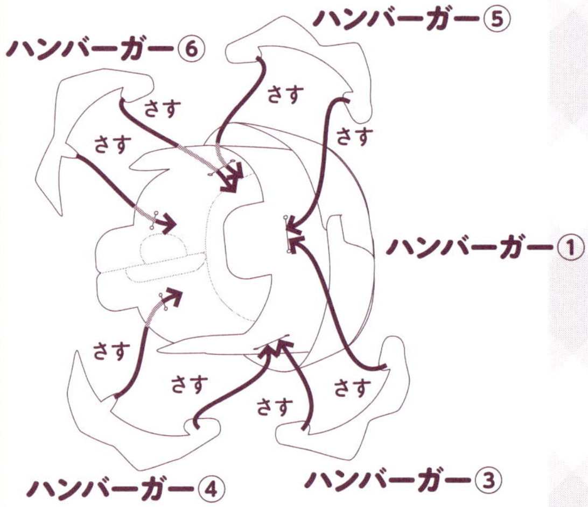

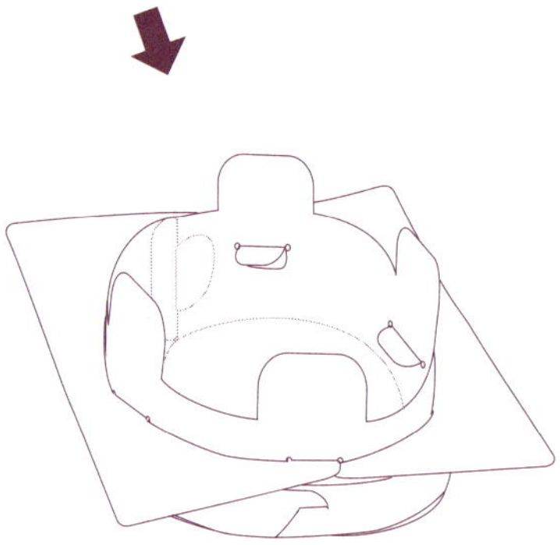

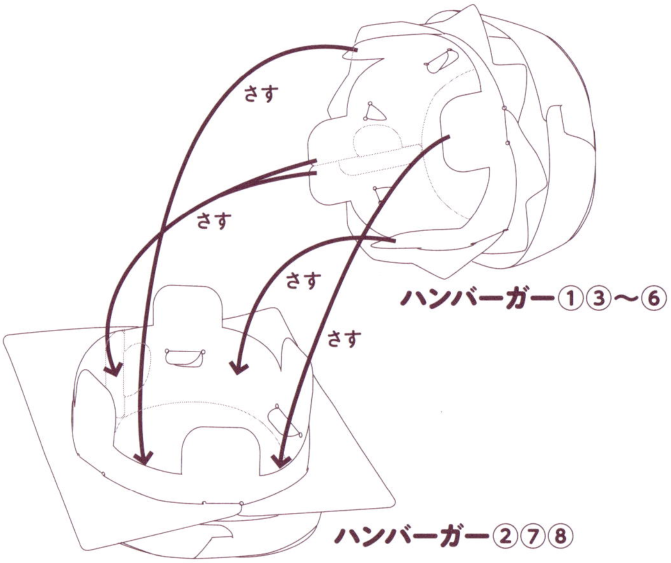

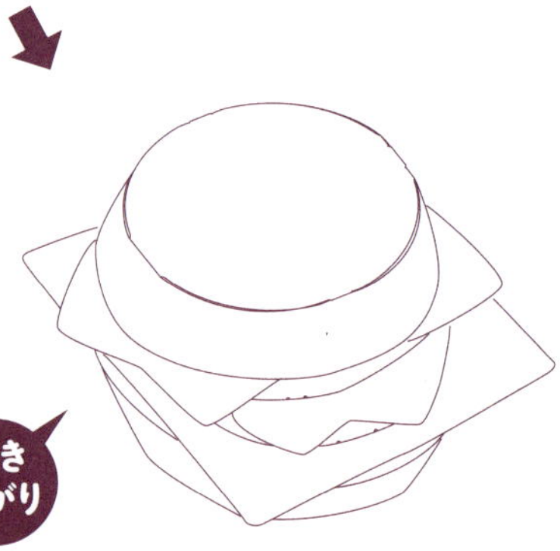

キャンディ
3ページ

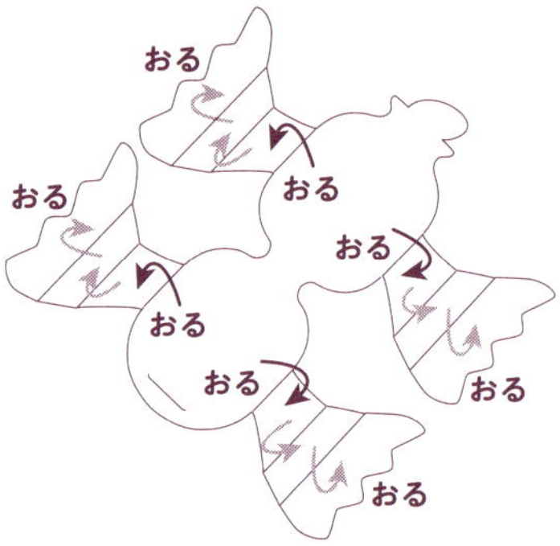

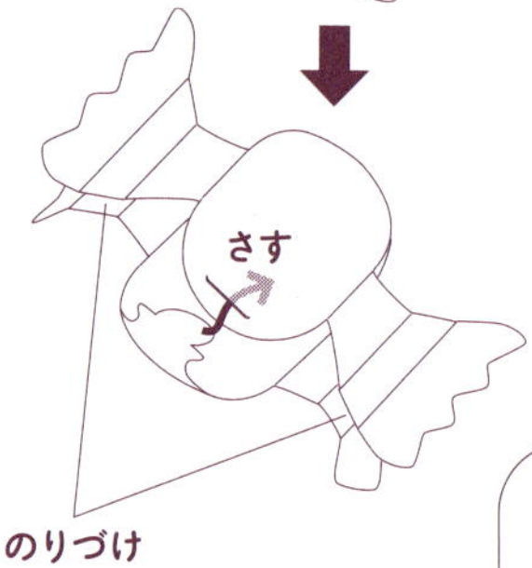

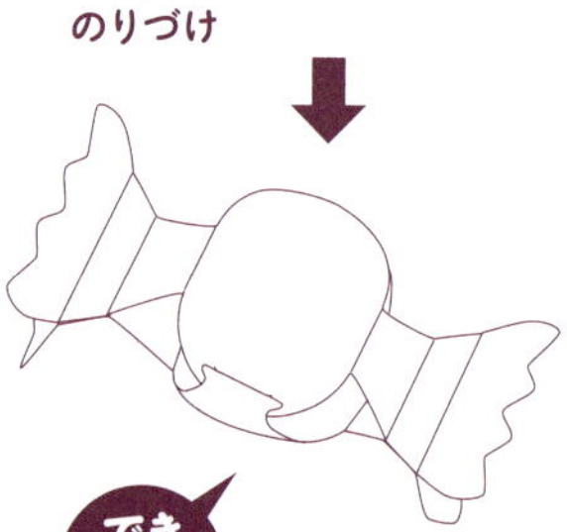

のりづけするところ

木工用接着剤がよくつきます。紙の切れはしなどでつけるときれいにできます。

←…「おる」「カーブ」 ←…「さす」 ←…「のりづけ」

たいやき 7〜10ページ

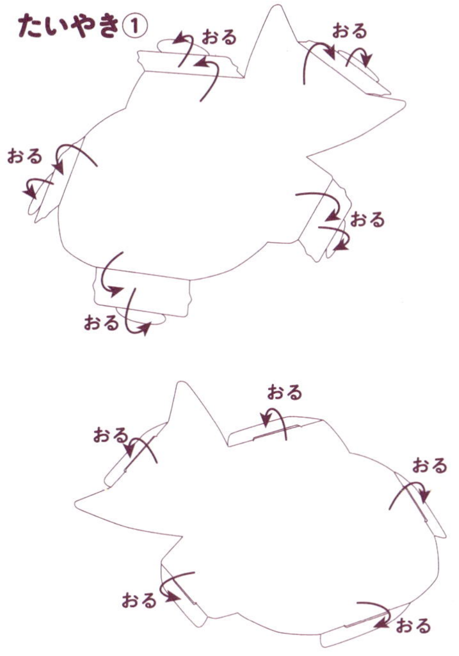

たいやき②

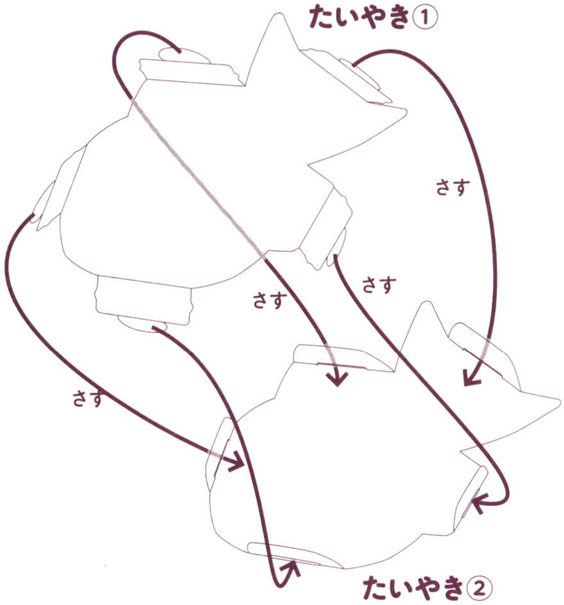

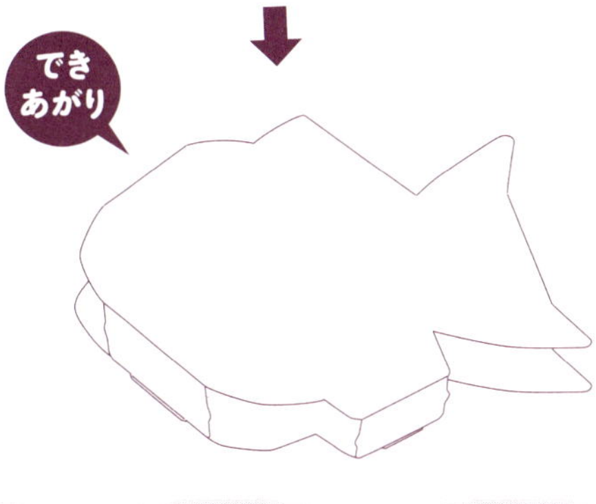

ホットドッグ 5〜8ページ

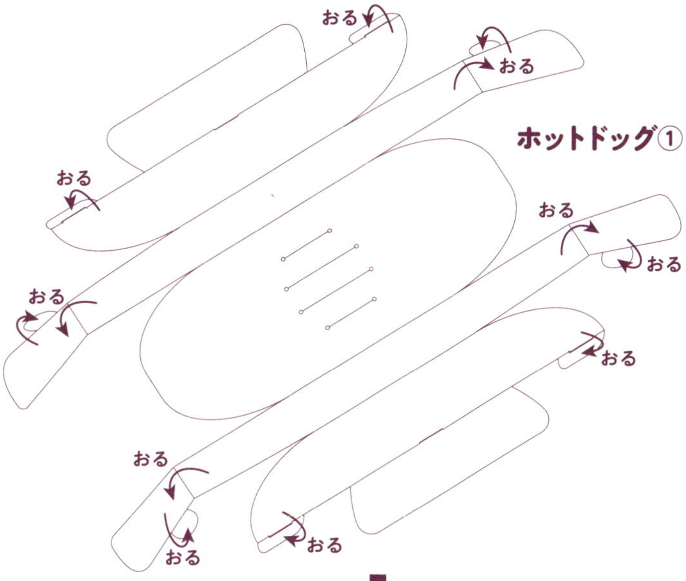

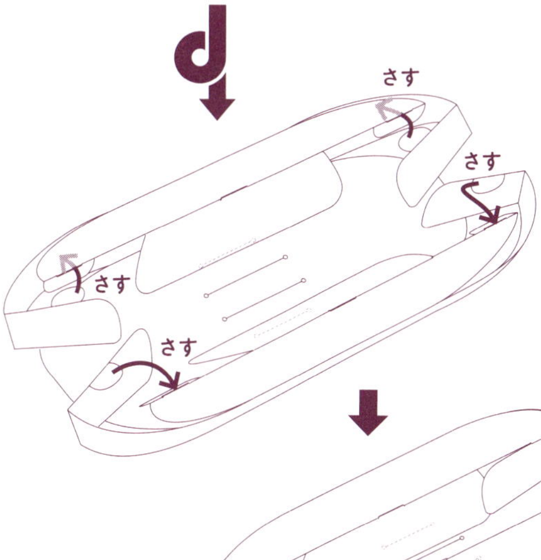

36ページへつづく

←…「おる」「カーブ」 ←…「さす」 ←…「のりづけ」

ホットドッグ 5～8ページ

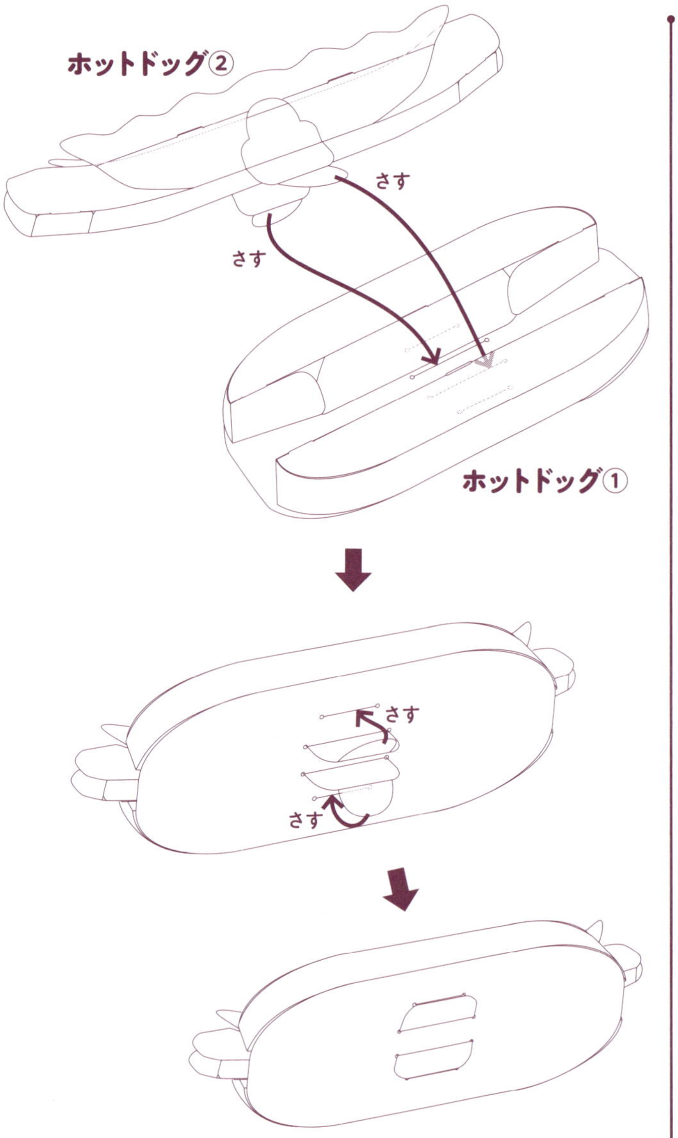

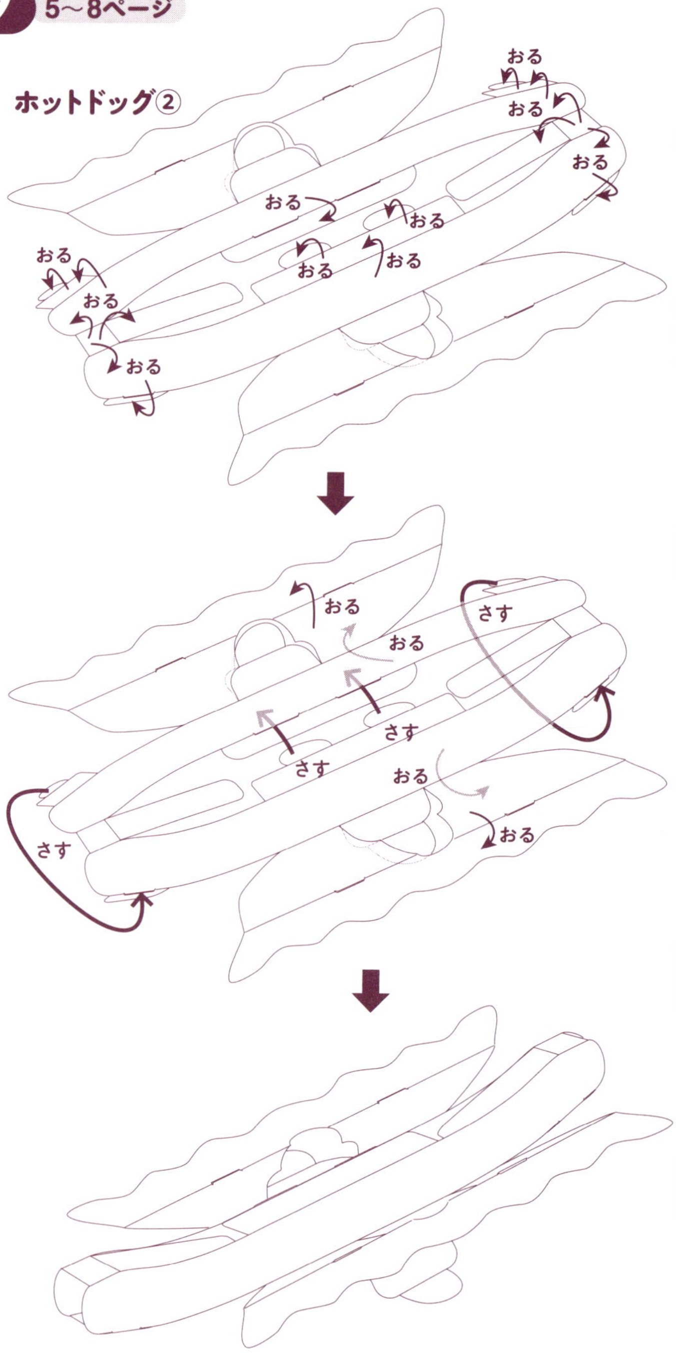

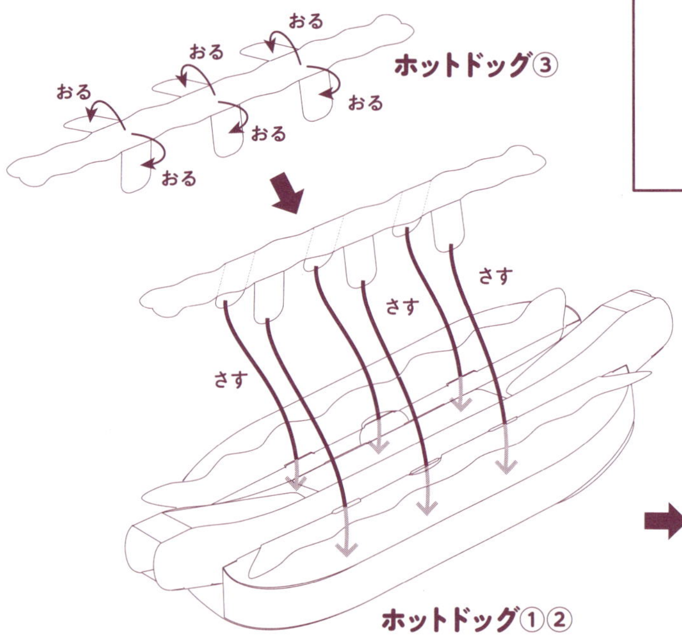

←…「おる」「カーブ」　←…「さす」　←…「のりづけ」

ドリンク 9～12ページ

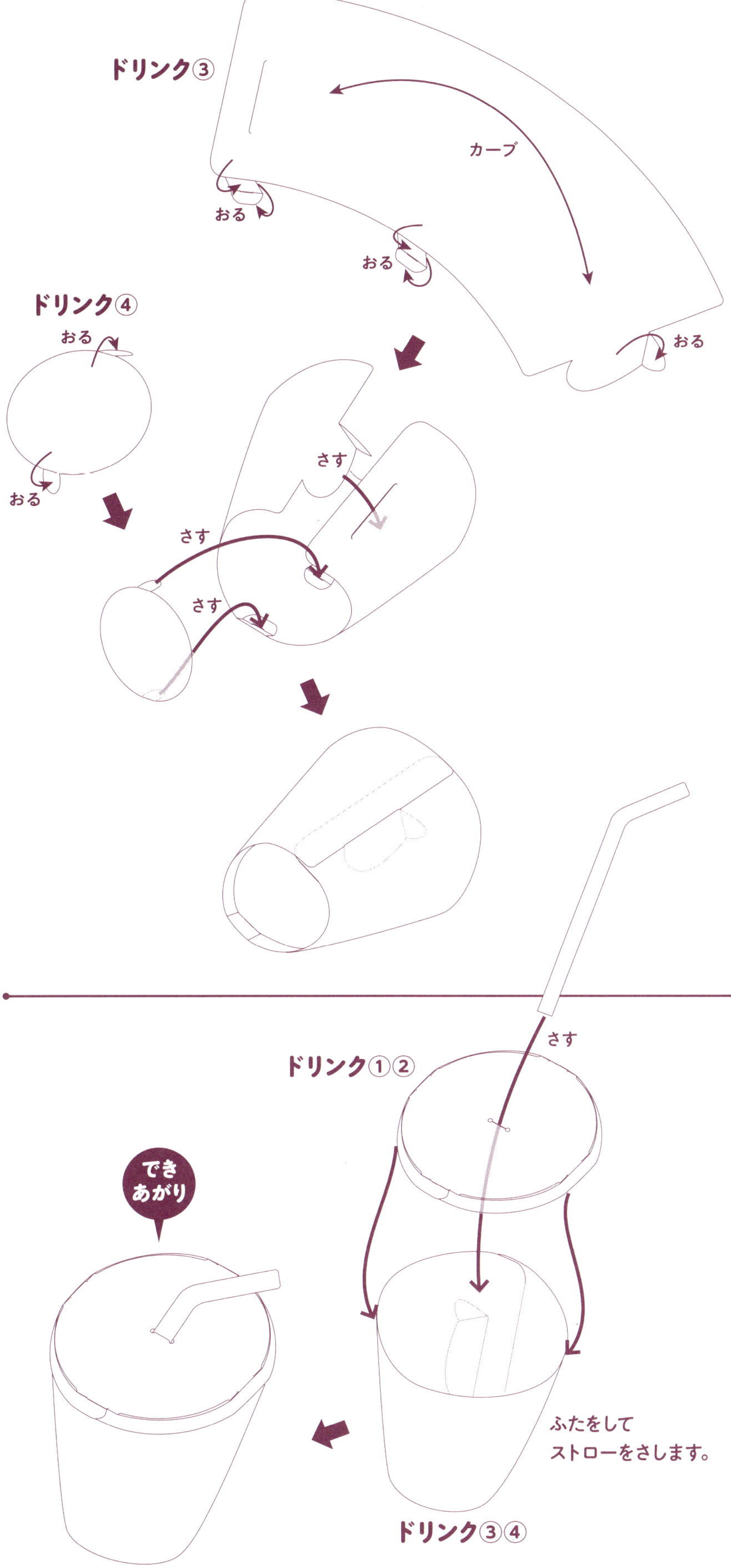

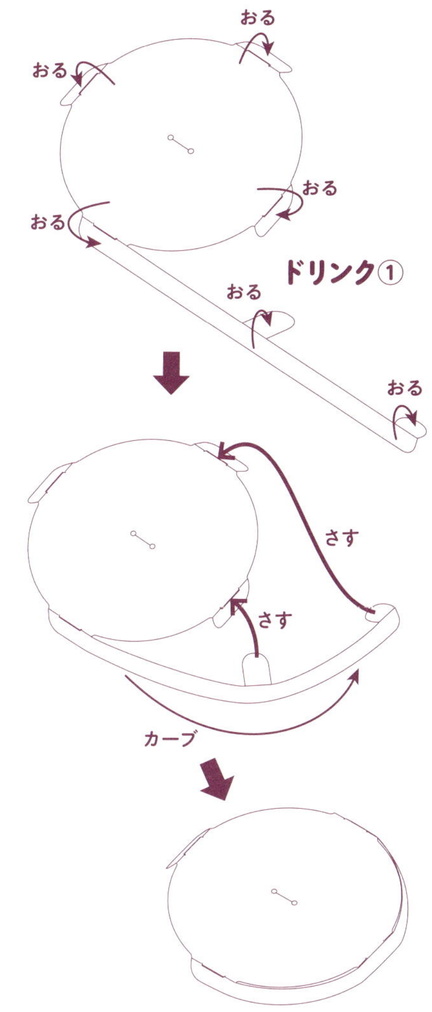

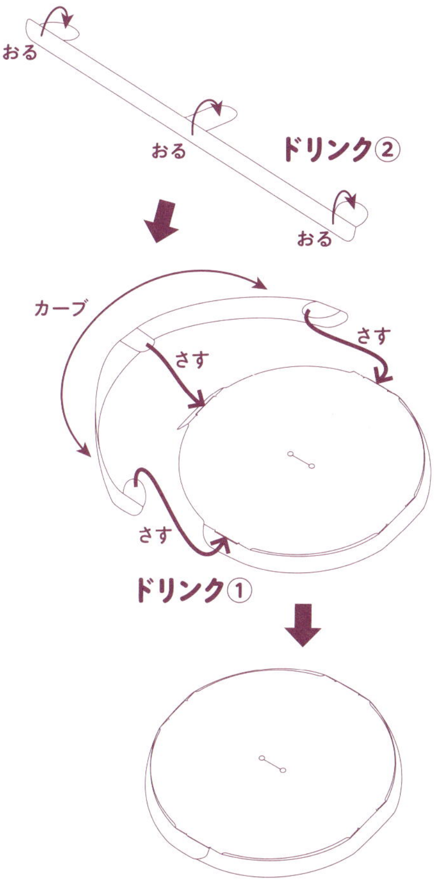

フライドポテト 11〜14ページ

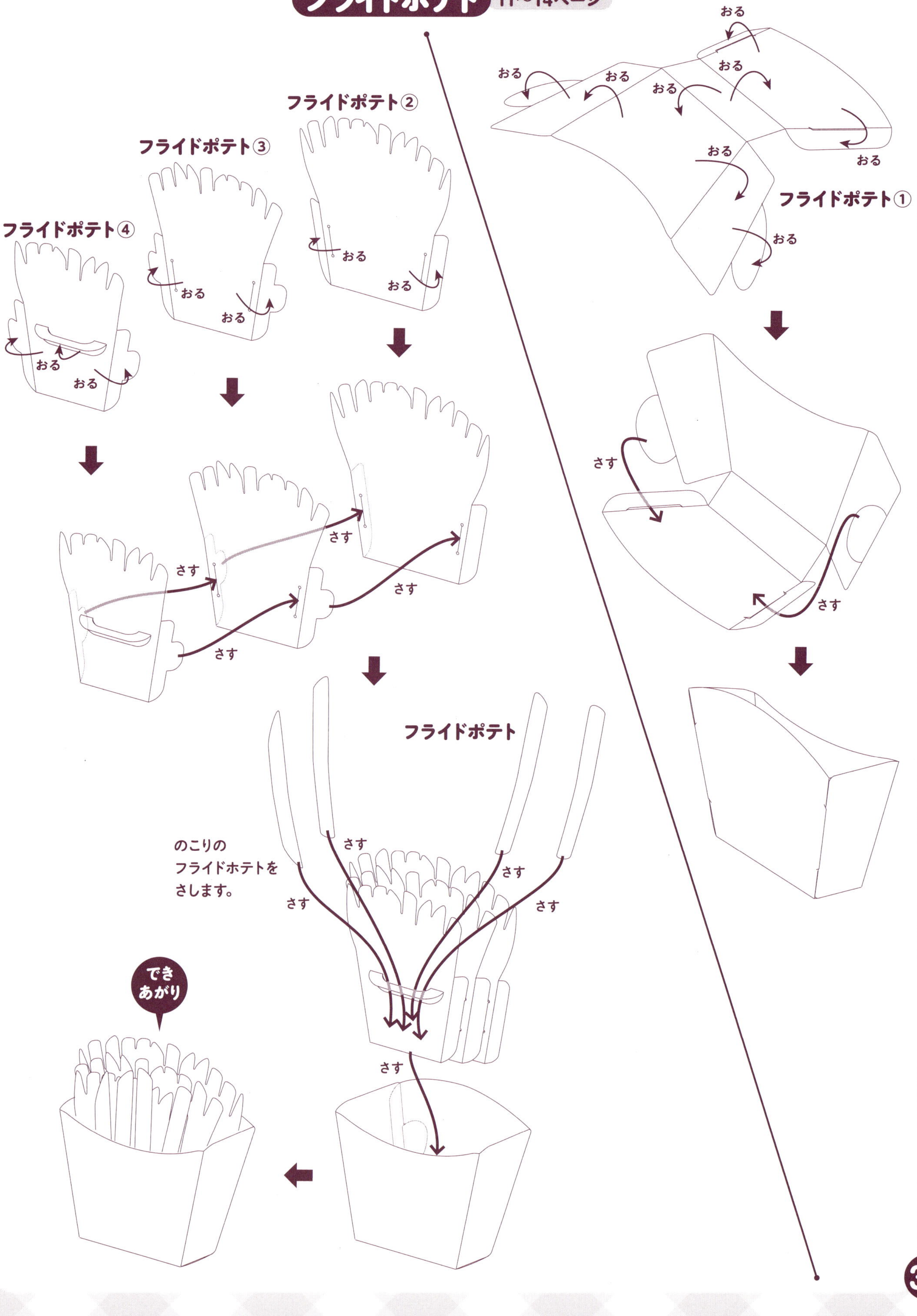

フルーツパフェ 15〜20ページ

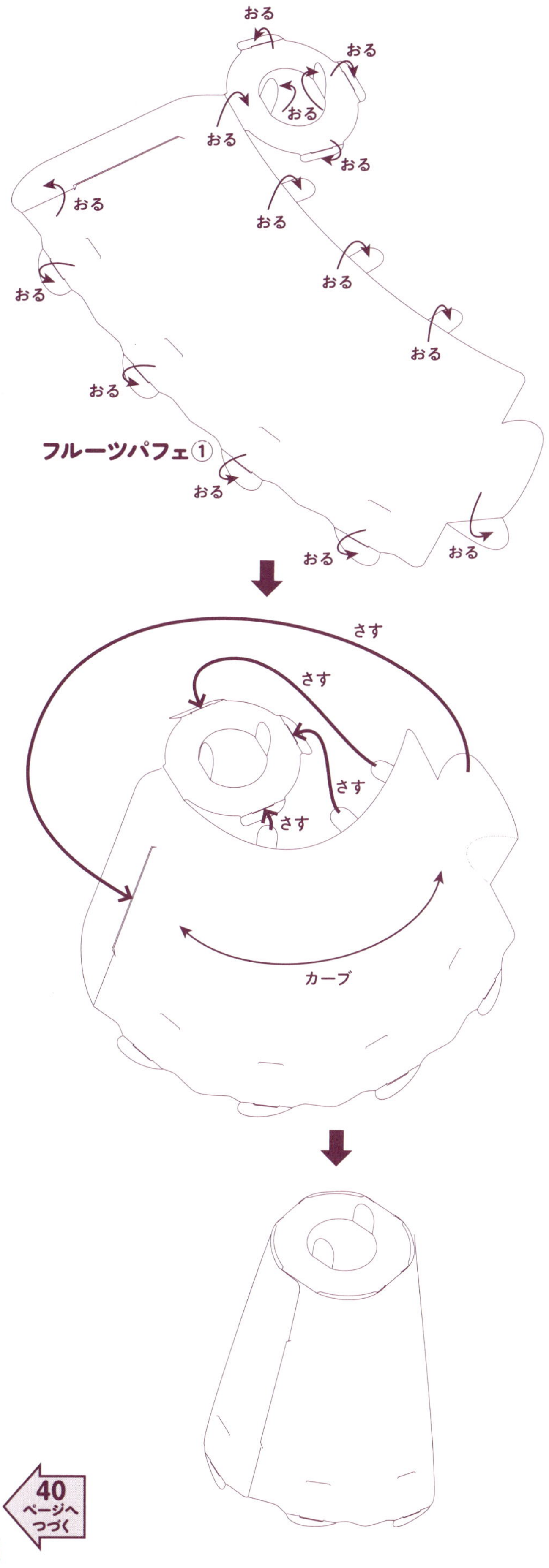

ドーナツ 13ページ

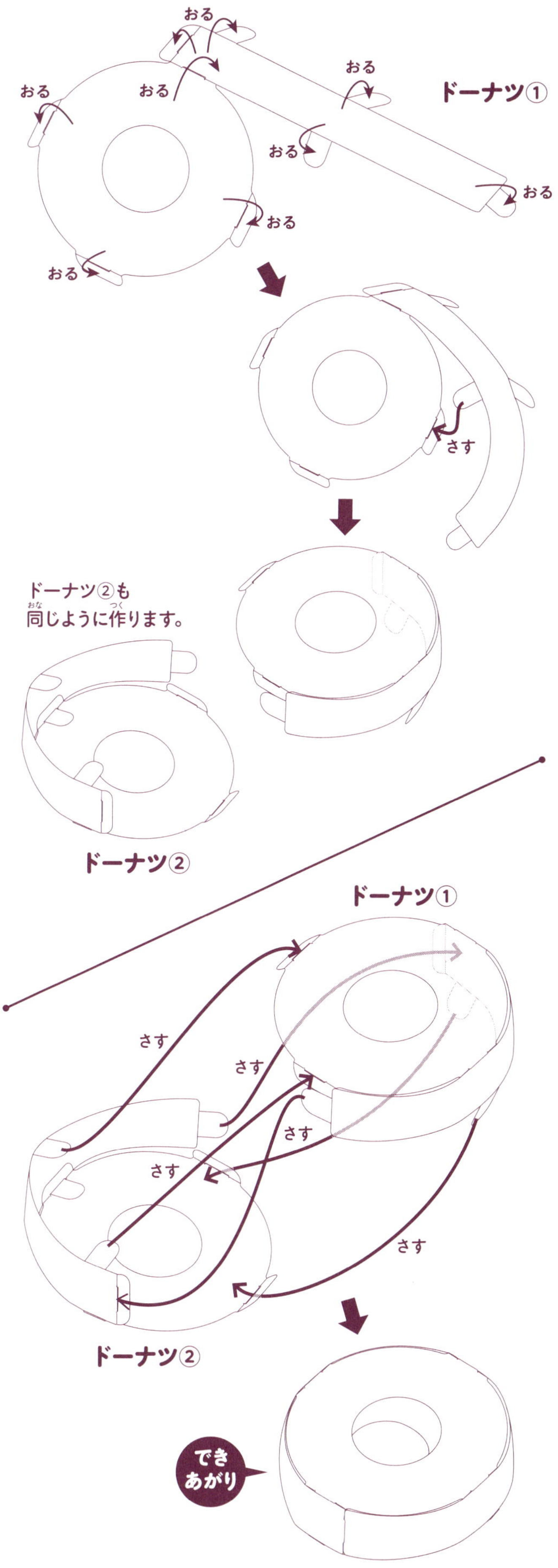

40ページへつづく

フルーツパフェ 15〜20ページ

フルーツパフェ③

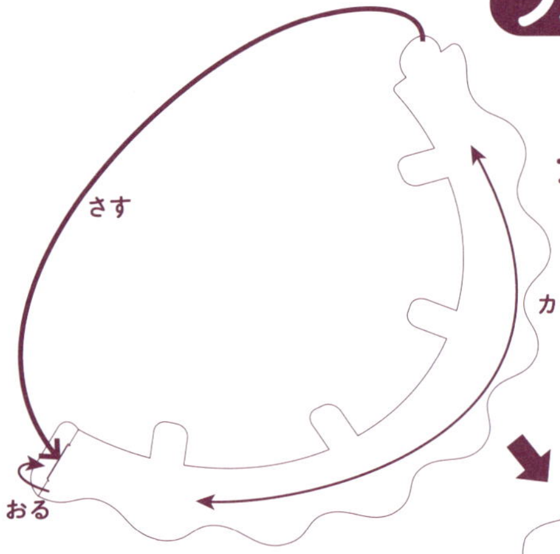

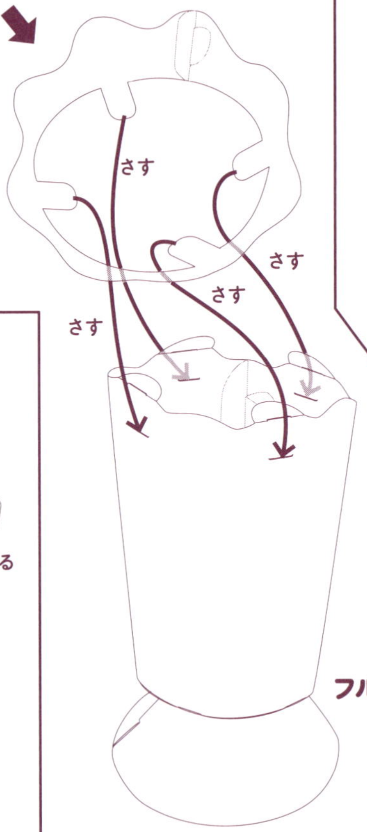

フルーツパフェ①②

フルーツパフェ②

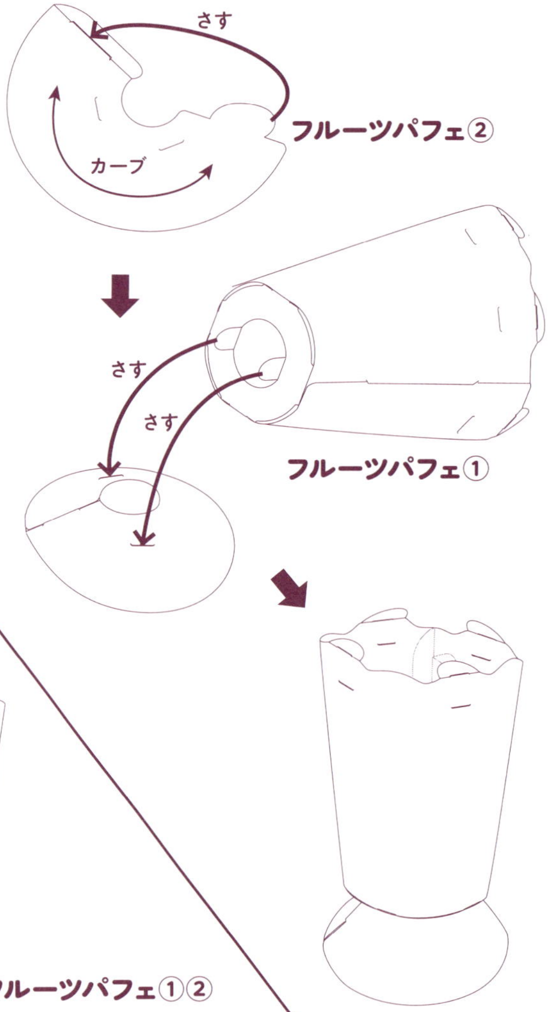

フルーツパフェ①

フルーツパフェ④

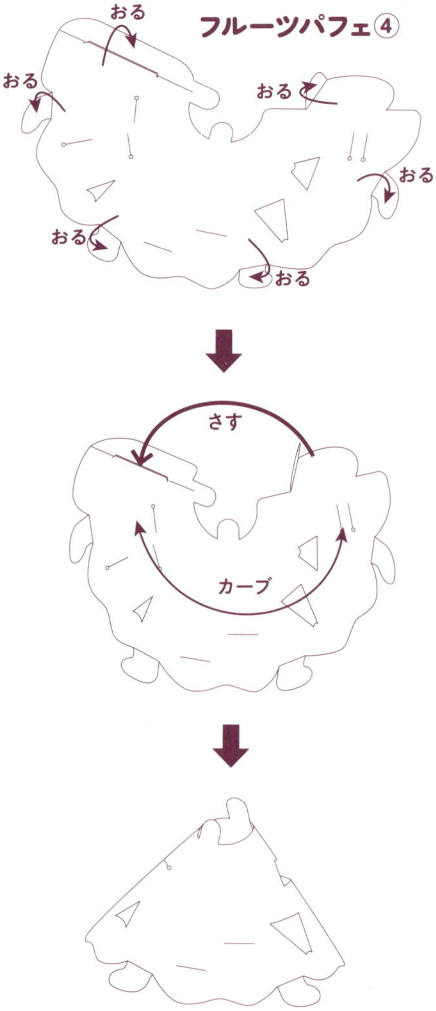

サクランボ

フルーツパフェ①②③

41ページへつづく

←…「おる」「カーブ」 ←…「さす」 ←…「のりづけ」

フルーツパフェ 15～20ページ

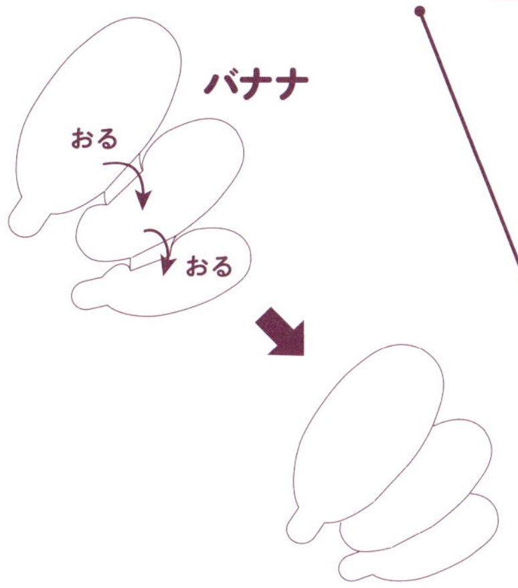

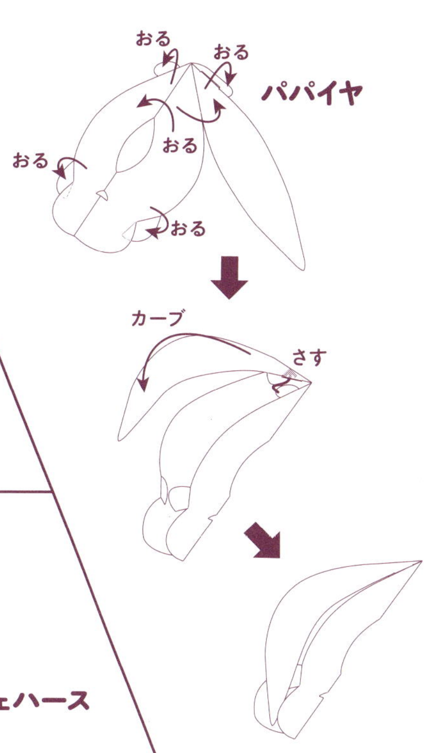

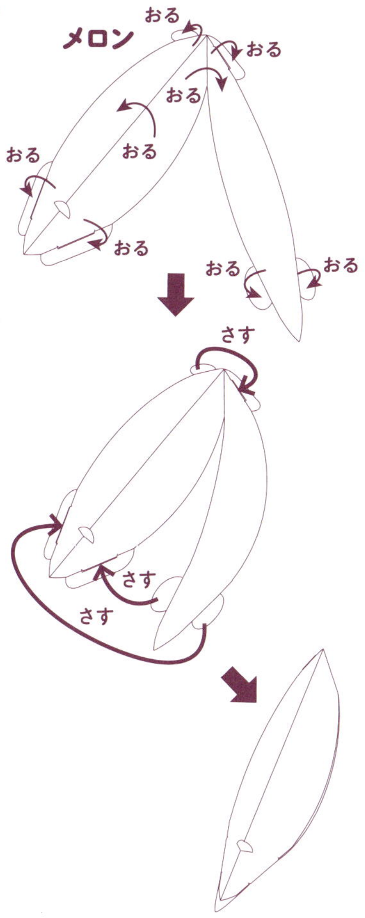

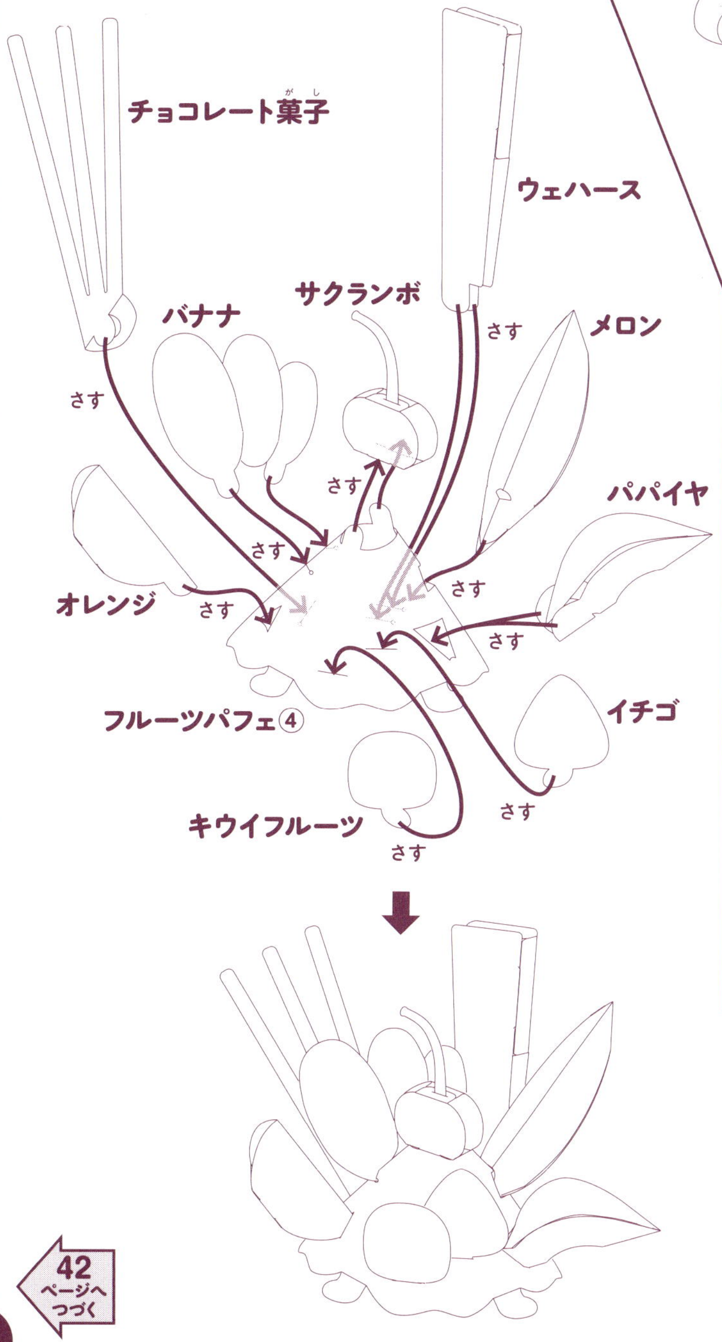

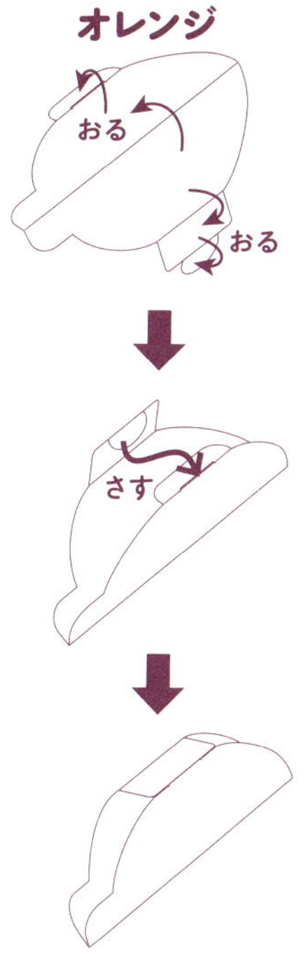

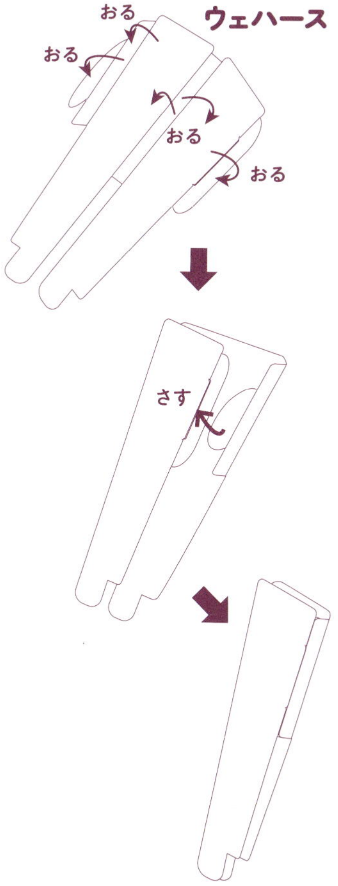

42ページへつづく

←…「おる」「カーブ」　←…「さす」　←…「のりづけ」

ショートケーキ 19～24ページ

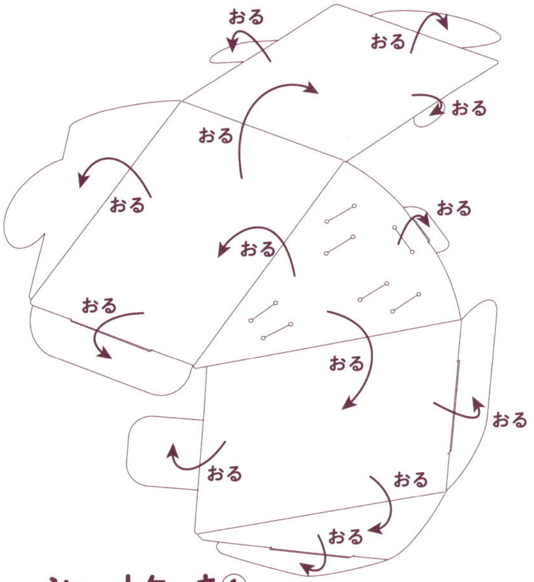

ショートケーキ①

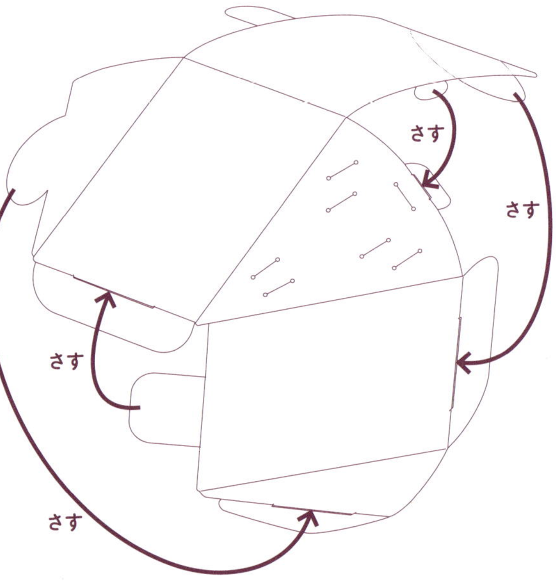

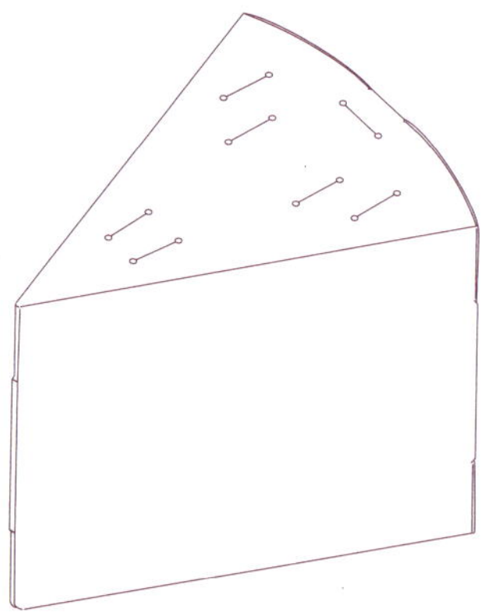

43ページへつづく

フルーツパフェ 15～20ページ

フルーツパフェ④と
フルーツ

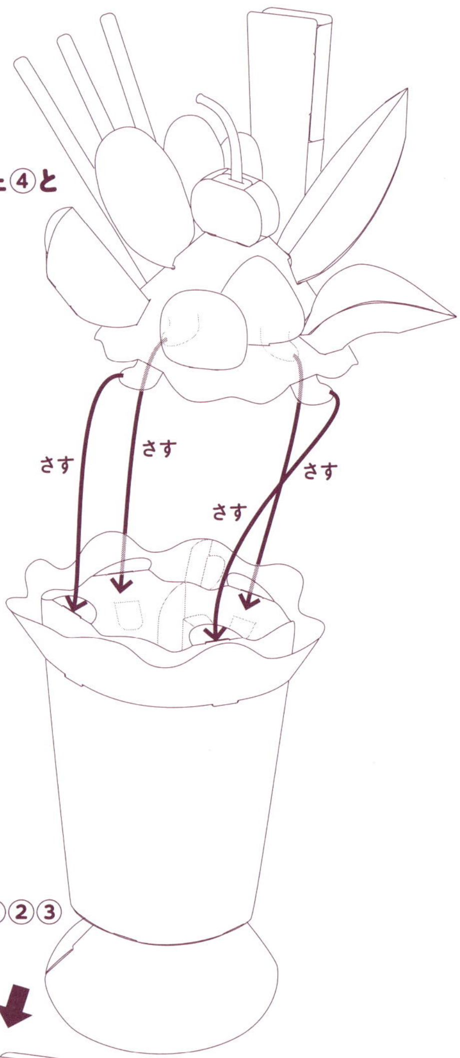

フルーツパフェ①②③

できあがり

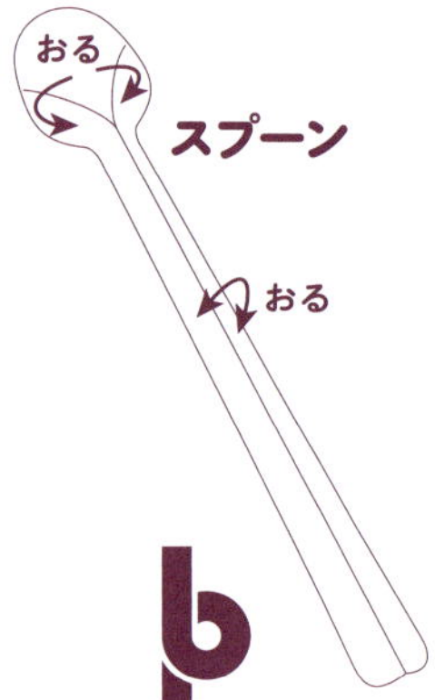

スプーン

スプーンを作って
横にそえます。

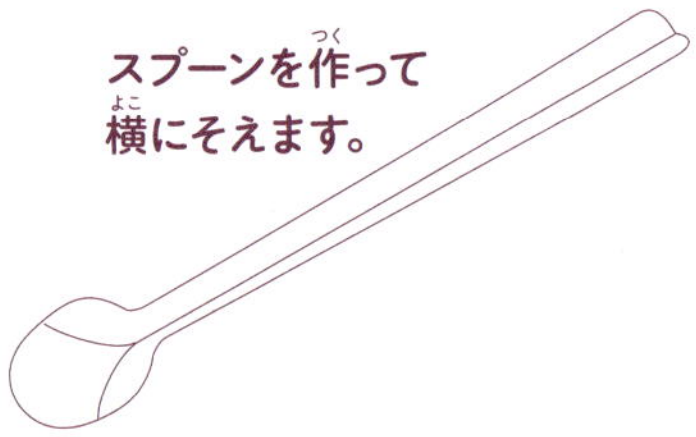

ショートケーキ

19～24ページ

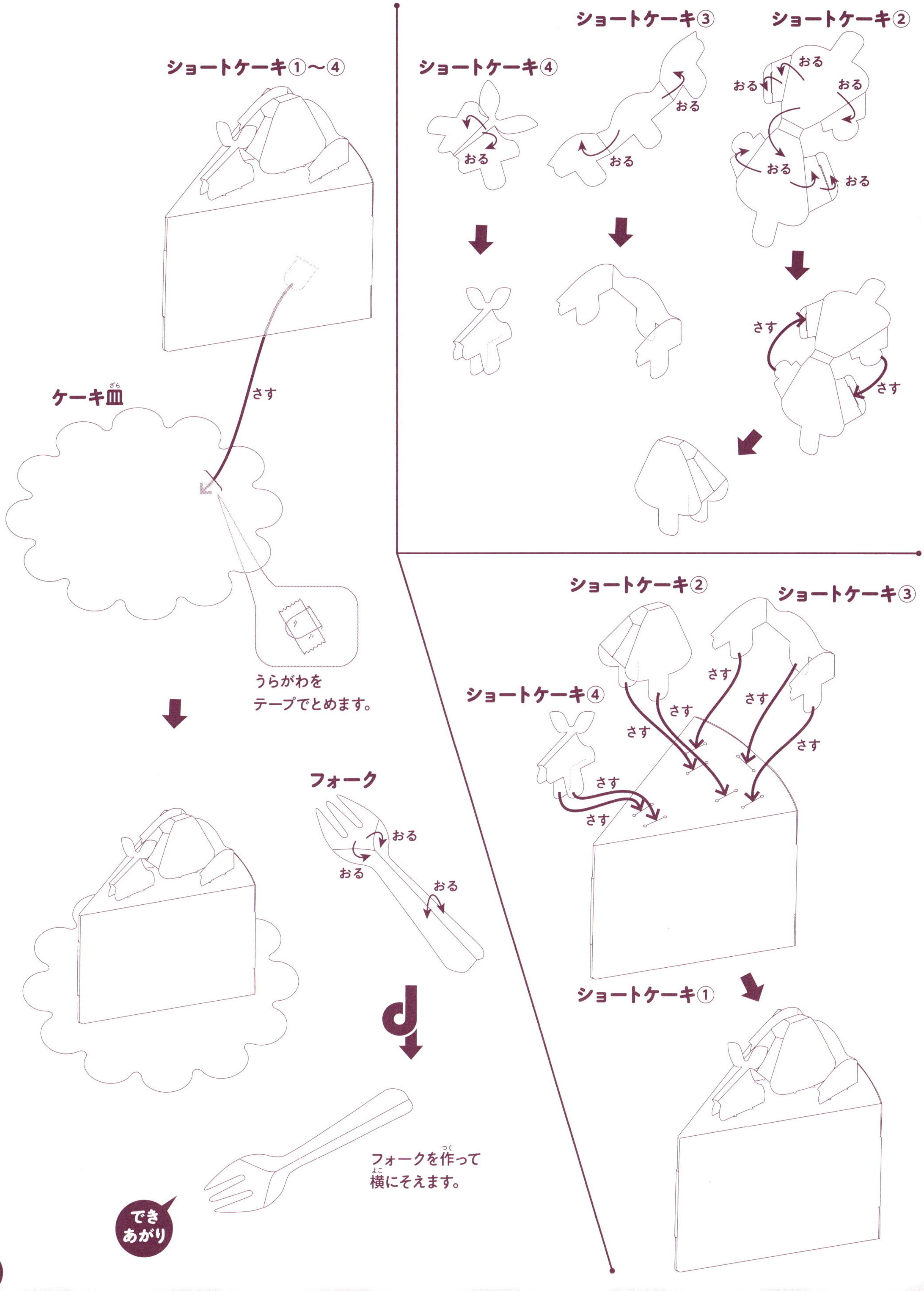

すし 23〜32ページ

すし（かっぱまき）
すし（鉄火まき）

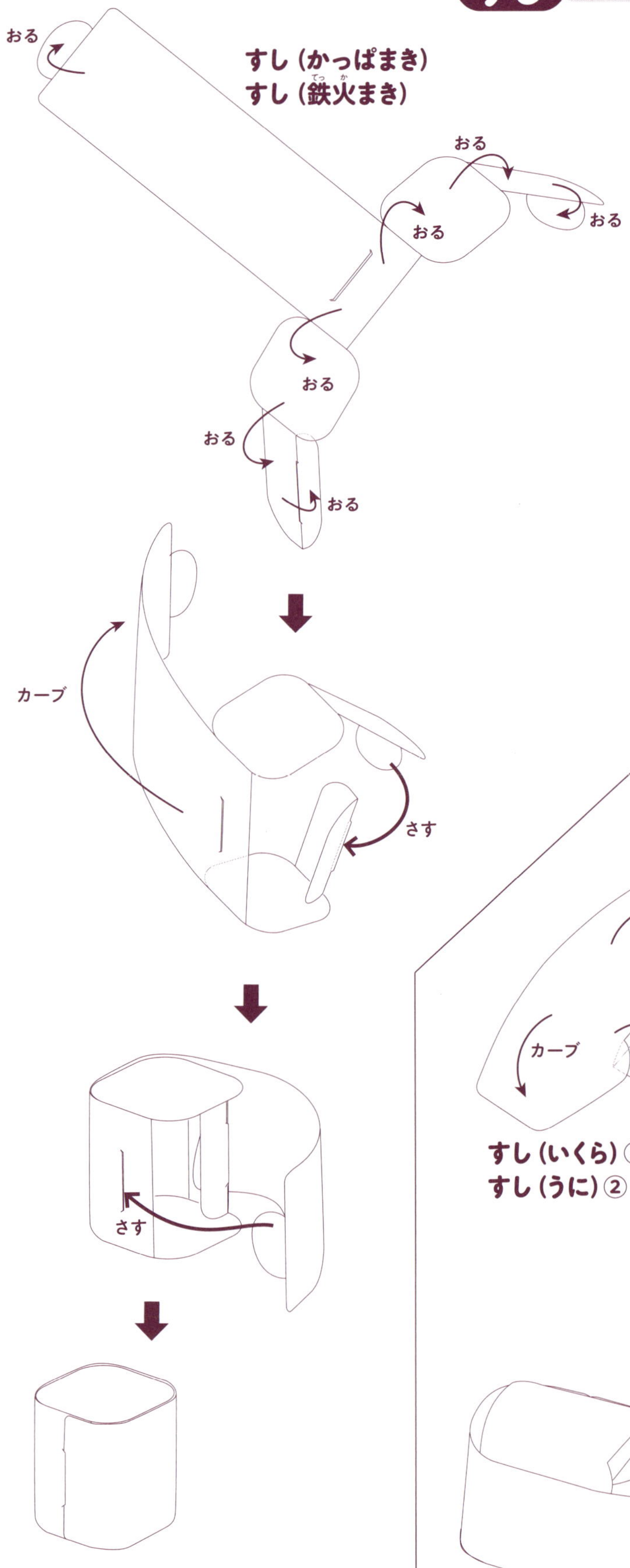

すし（いくら）①
すし（うに）①

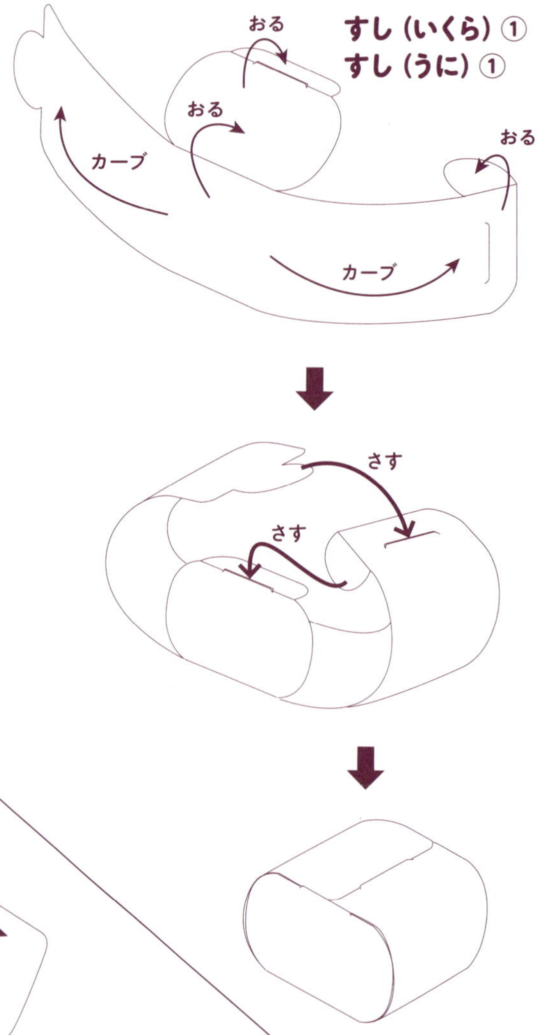

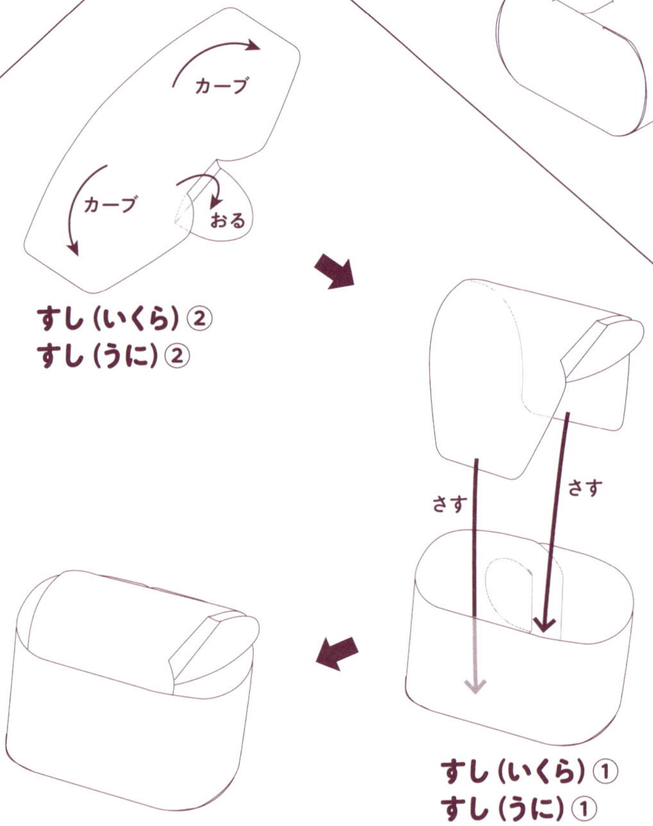

すし（いくら）②
すし（うに）②

すし（いくら）①
すし（うに）①

45ページへつづく

← …「おる」「カーブ」 ← …「さす」 ← …「のりづけ」

すし 23〜32ページ

すしげた

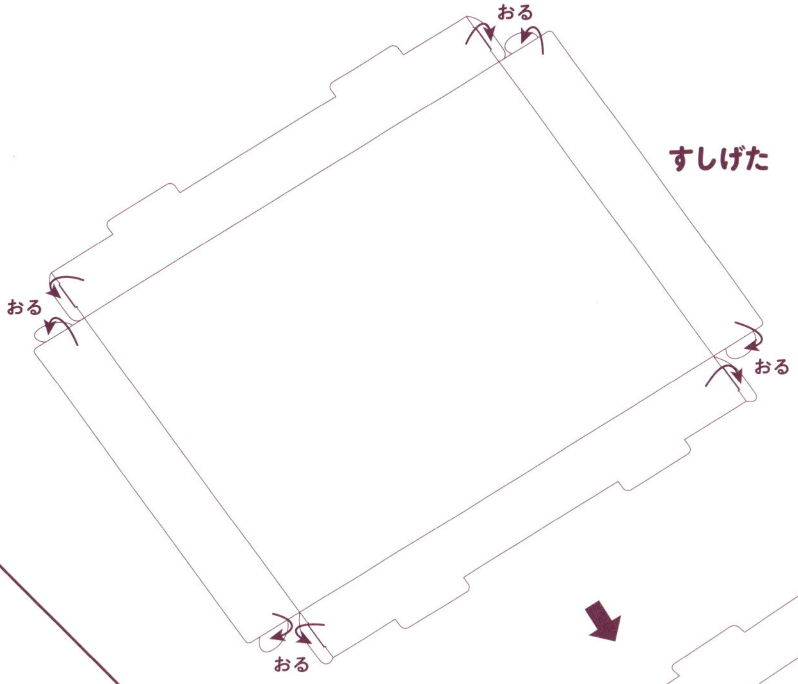

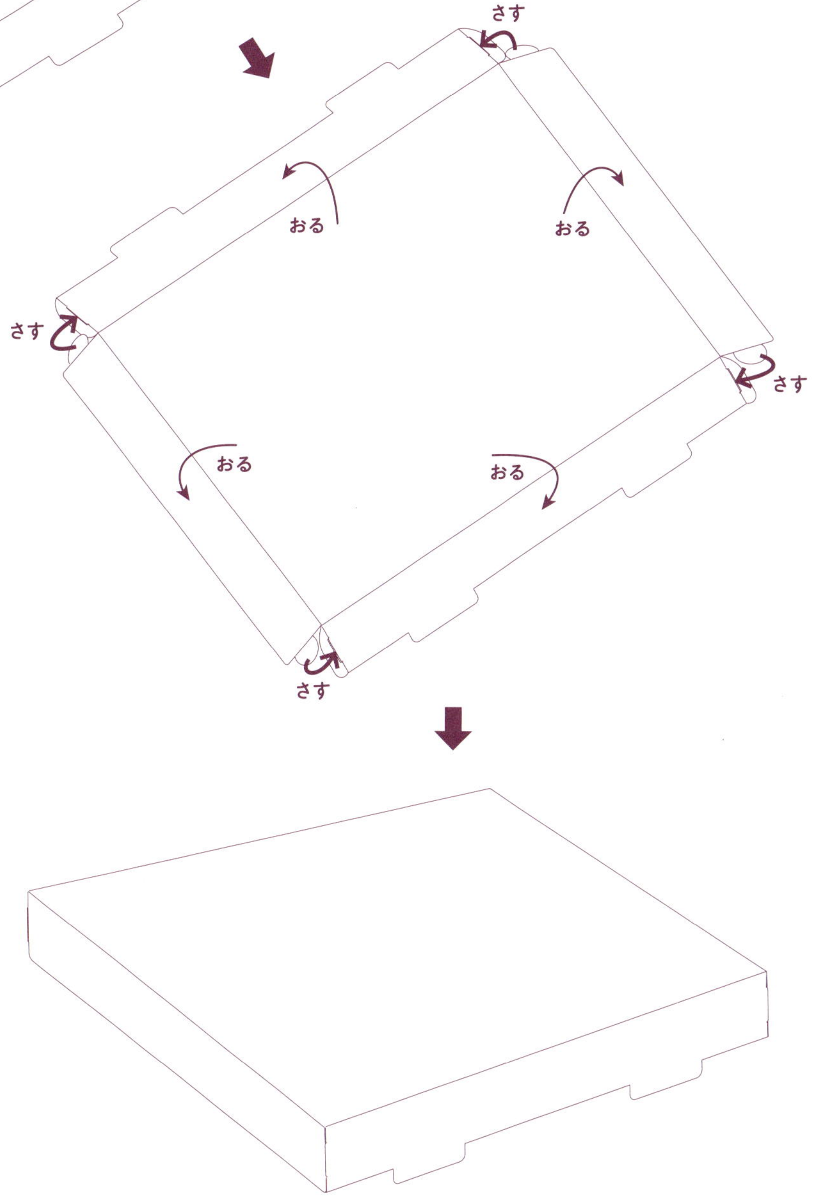

すし（ガリ）

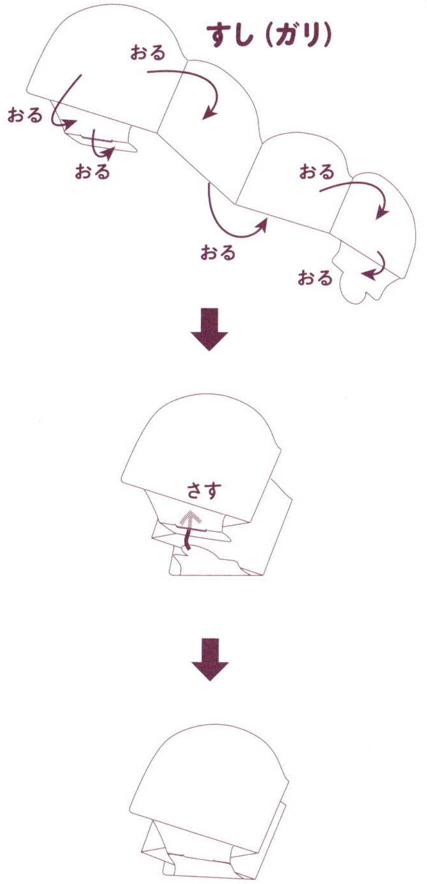

46ページへつづく

すし　23〜32ページ

すし（まぐろ）②

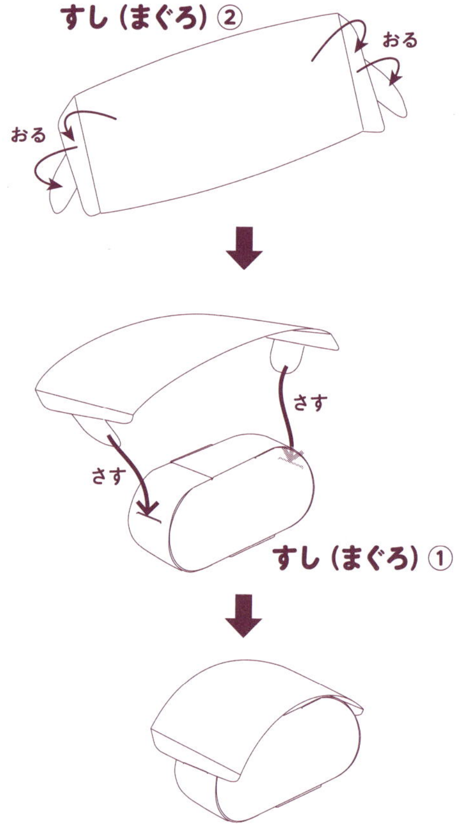

すし（こはだ）②

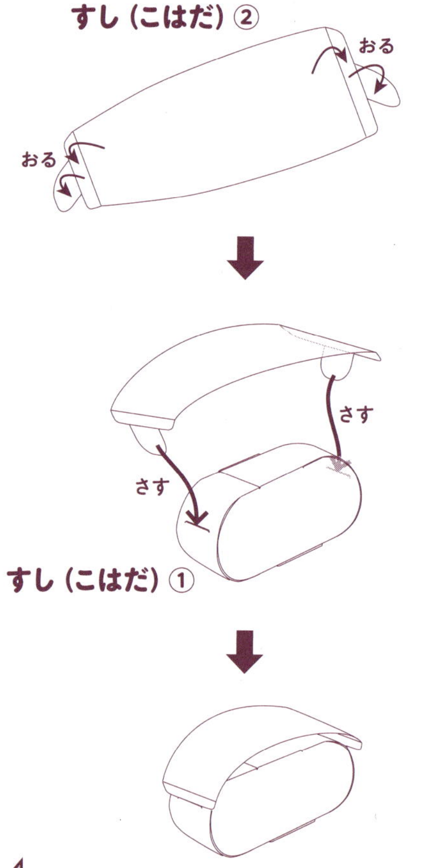

すし（まぐろ）①
すし（こはだ）①
すし（サーモン）①

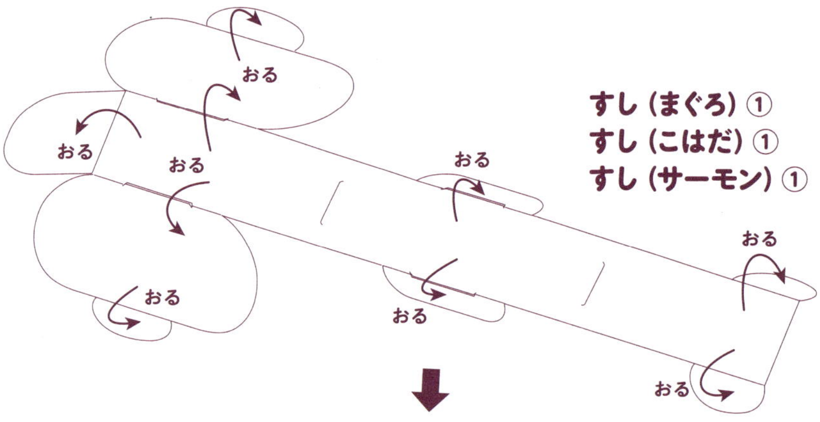

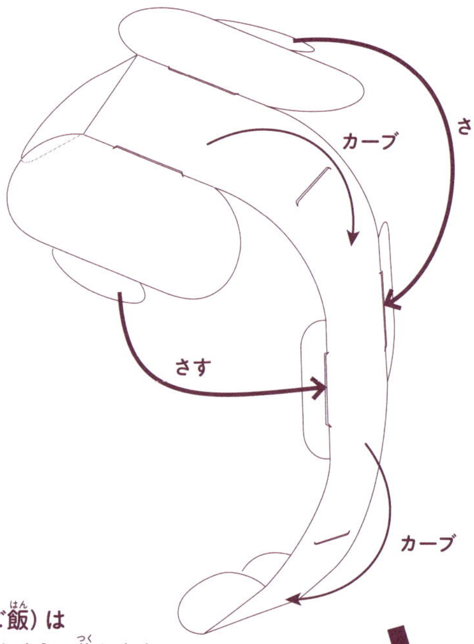

シャリ（ご飯）は
すべて同じように作ります。

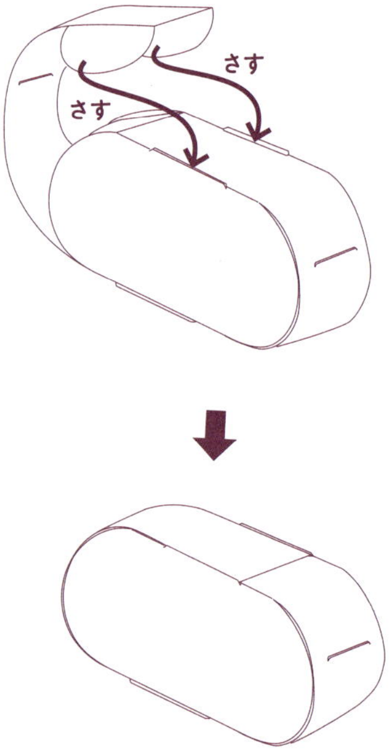

すし（えび）①
すし（たこ）①

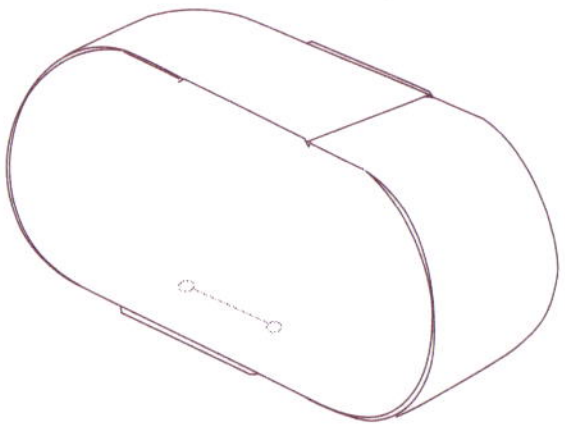

すし（たまご）①

47ページへつづく

すし 23〜32ページ

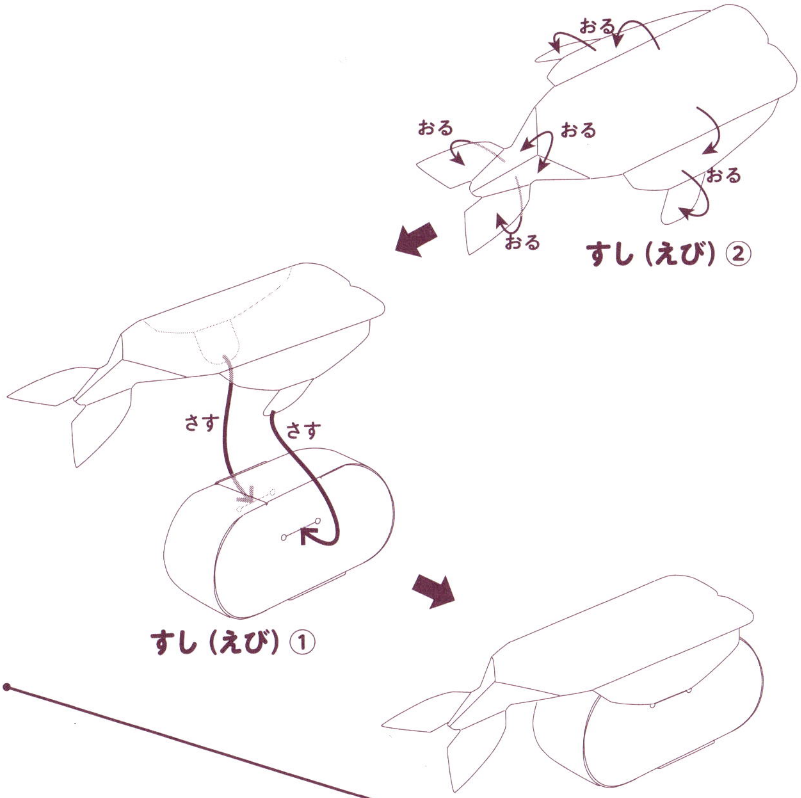

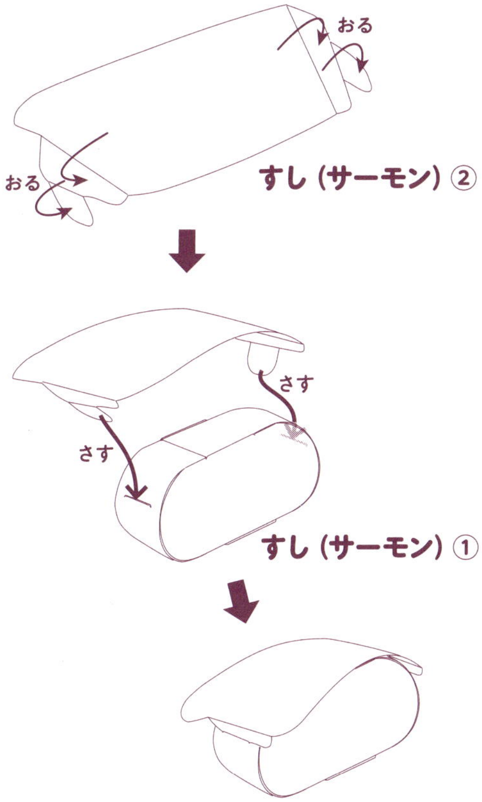

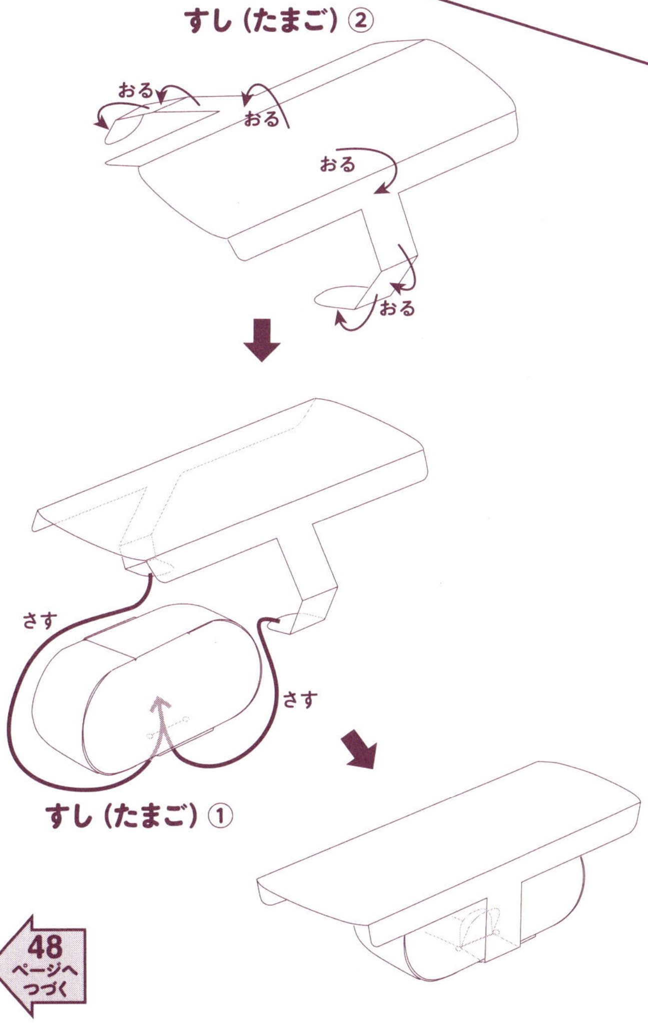

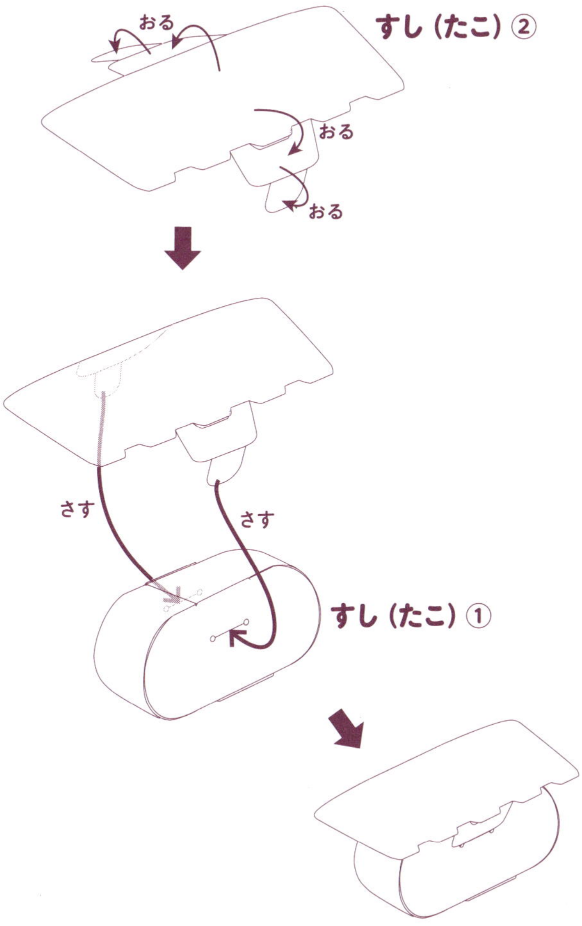

48ページへつづく

←…「おる」「カーブ」 ←…「さす」 ←…「のりづけ」

すし

23〜32ページ

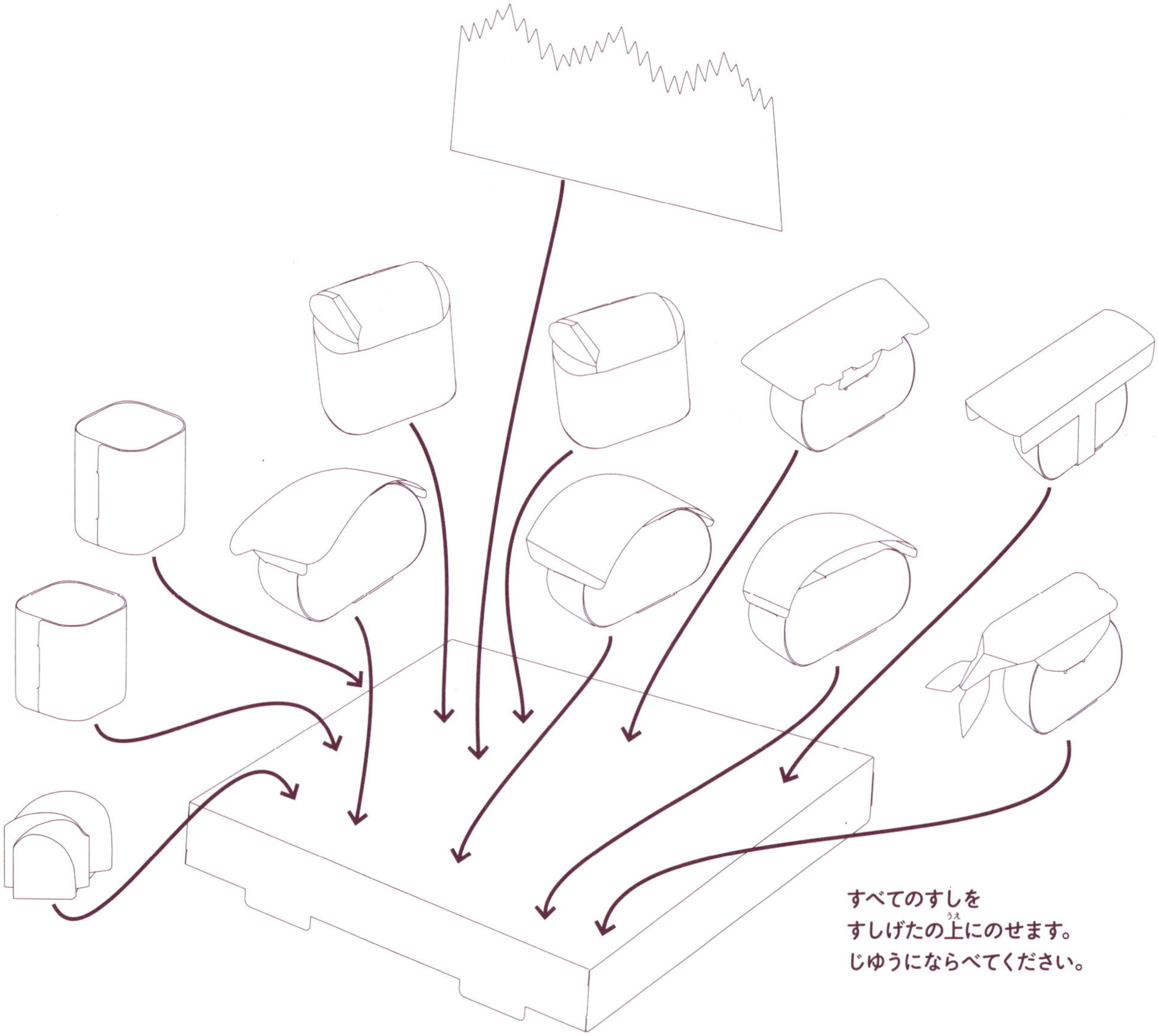

すべてのすしを
すしげたの上にのせます。
じゆうにならべてください。

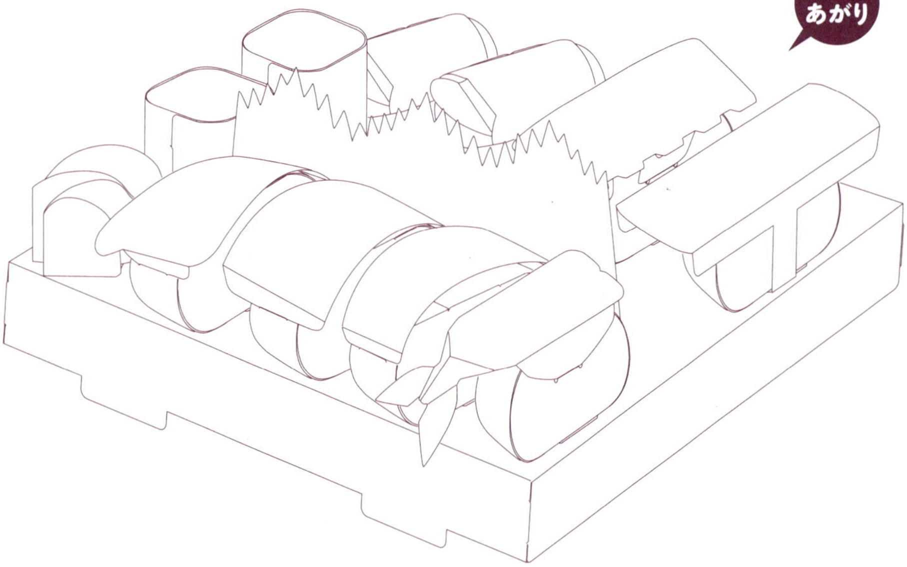

できあがり